瘦孕聖經

孕期只重8公斤，產後3週速瘦，
擺脫水腫、絕不害喜的快樂懷孕擇食法！

邱錦伶 著

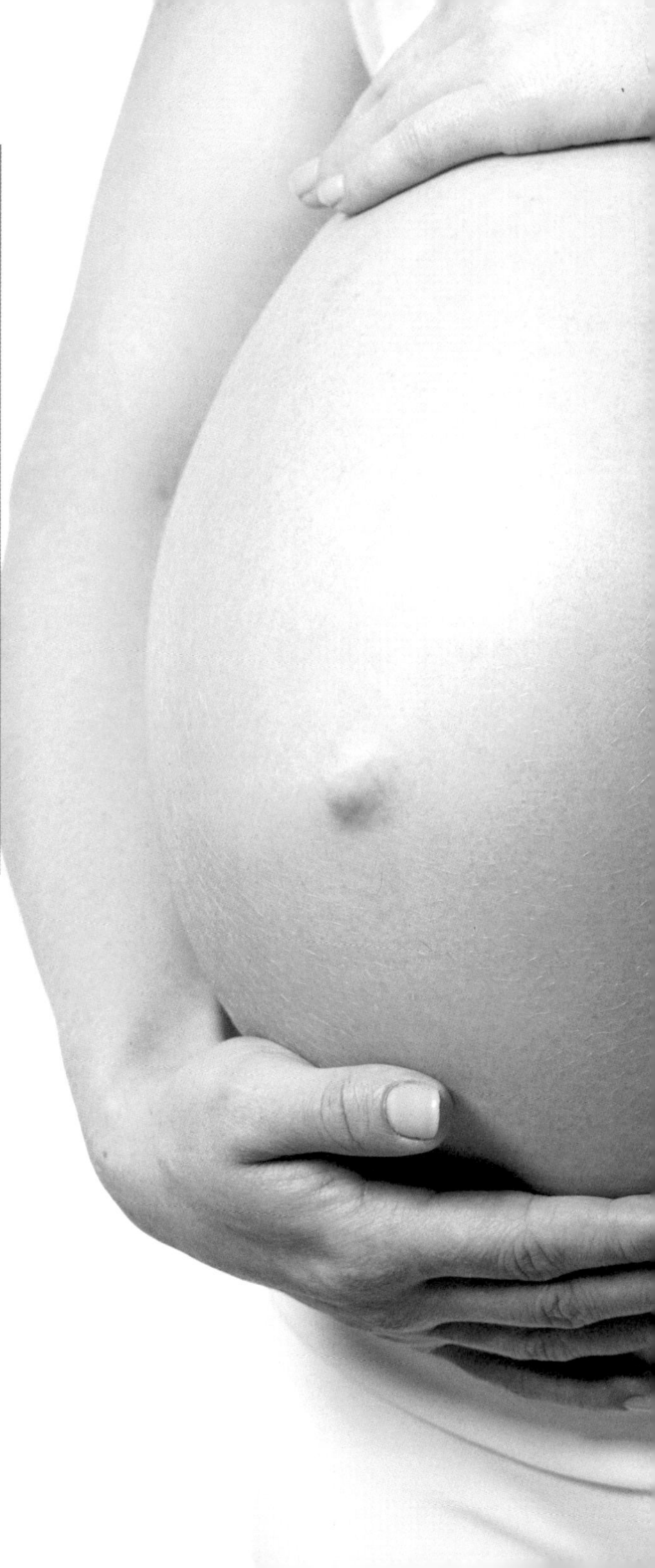

作者介紹

邱錦伶

曾任：北京同仁堂台北旗艦店養生諮詢師、廖叔叔健康屋健康諮詢師。

在她的職場生涯中，曾經是叱吒一方的女強人，但歷經人生種種挫折與低潮之後，跨領域走入養生這條路上。諮商過無數藝人和商界人士，累積多年養生經驗。

著有

- 《心靈擇食：萬病由心造，邱錦伶的情緒食療法》
- 《擇食參 男人腰瘦，女人性福：邱錦伶的溫暖體質擇食法，男強精女逆齡，塑造標準腰圍，遠離現代疾病。》
- 《擇食2：邱錦伶的瘦身食堂》
- 《瘦孕：孕期只重8公斤，產後3周速瘦，不害喜不水腫的好孕飲食法》
- 《擇食：吃到自然瘦，邱錦伶明星級的養生法》

臉書請搜尋「邱老師擇食同樂會」 / 擇食VIP講座精選「邱老師的擇食瘦孕精華十二堂課」QR Code

推薦序

「瘦孕養生」讓我和孩子都健康

——孫儷

懷「等等（我的第一胎）」時，我還不認識邱老師，到要生的時候胖了23公斤，但是到我懷妹妹小花的時候，因為照著邱老師《瘦孕》的方式吃，一共只胖了11公斤，從這兩個孩子身上，我得到很大的幸福，也因此更了解養生的重要。

因為等等是在不懂養生的時候生的，他就有皮膚濕疹的問題；而懷妹妹時已經懂得邱老師的擇食理論，我很注意什麼該吃、什麼不該吃，所以妹妹的皮膚就很好。在我自己身上更是這樣，懷等等的時候，到後期我的腿就相當腫，皮膚的狀態也不大好；懷妹妹就完全沒有水腫的情形發生，而且因為認真補充膠質，皮膚也白皙光滑，尤其我體重控制得很好，連醫生都說要表揚我了，因此生完之後身材恢復得也比較快。

其實養生是需要長時間累積的，不可能一下子就看得到效果。我從認識邱老師的《擇食》到後來的《瘦孕》，一兩年下來，我調養自己的身體，看到健康上的改善，真的覺得很神奇。從小我就覺得自己是個病號，腸胃很弱、血紅素也不足……，總之我不想自己一直是個藥罐子似的人，因此想找到可以讓自己健康的方法。經過擇食的生活調養，像是邱老師說我的腸胃弱，是身體太寒的原因，要我開始喝薑汁，一段時間之後，這症狀就漸漸好了，因為效果太好，那段時間我家簡直變成薑汁加工廠，我做了四處送人，希望親友也能喝了改善健康。血紅素不足的問題，在認真吃優質蛋白質和補充鈣之後，再去醫院檢查，血紅素的數值也比以前高了，看到這些效果，我怎麼可能放棄這樣對自己健康有好處的養生方法呢？

雖然我常常因為工作的關係，沒有辦法完全照著擇食的標準做到足，但只要能做到的時候，我就努力去做。希望看了這本書的讀者，或是正準備懷孕的、懷孕中的人，也能找到養生的方法，都能夠健健康康，快樂地生活！

推薦序

「瘦孕」不難，妳也可以當個快樂的準媽媽

——林熙蕾

認識邱老師轉眼四年多了，而認識她多久，我就按照她的養生方式生活了多久。四年說起來並不算太長，但在我的人生中，是從小姐變成太太、變成母親的人生轉捩點，因此邱老師在我的生命中，可說是意義非凡。

看完邱老師這本教大家如何容易受孕、懷孕期間該如何照顧自己和寶寶，一直到產後恢復身材和照料寶寶的書，我像是回顧過一遍自己的懷孕過程。一邊回顧、一邊感謝在懷孕之前就認識邱老師，使得我養成很好的體質，因此整個懷孕過程我真的沒有什麼不舒服，就這樣快快樂樂地成為母親，這不是在吹噓，只有自己經歷

過，才知道這是真的可以做到的，希望所有想要當母親或者即將成為母親的人，都可以跟我一樣擁有美好的經驗，這就是我非常願意推薦這本書的原因。

託邱老師的福，讓我孕期0不適

我是在懷孕三個月時才找邱老師的，在那之前，我自認為已經很懂得養生之道，雖然頭三個月我就胖了3公斤，但我想整個懷孕過程到最後不是可以胖個8、9公斤嘛，那一個月1公斤好像很平均，到第九個月就要生產啦，所以我自認這樣是完全沒有問題的。

後來我打電話給邱老師，告訴她我懷孕的好消息，也把近況跟她報告一下，沒想到邱老師說：「太胖了！頭三個月根本不應該增加體重呀！」被邱老師這麼一說，我自己當然挺心虛的，因為那三個月我常常在外面吃飯，有時難免無法控制地亂吃了一些東西，後來我問醫生，醫生也是說其實前三個月寶寶的吸收還很少，因此媽媽體重的確不應該增加才對。

所以在邱老師耳提面命之下，我就開始乖乖地按照書中所寫的那樣，每天喝湯、攝取優質蛋白、澱粉、蔬果，該吃的都好好吃，隨著孕期的變化，也按著時間表增加優質蛋白質的攝取量，就這樣一直到生產，我總共只重了8公斤，完全做到邱老師的標準。當然在懷孕後期，許多長輩都擔心我的肚子太小，但是醫生說，時代不一樣了，以前的人喜歡懷孕像包子，皮厚肉少；可是現在的人應該要像小籠包那樣，皮薄肉多。最主要的是，寶寶生出來之後有3千多克，而且非常健康。

我自己本身，一生完寶寶只比懷孕前重2公斤，而在生完的第三個星期，都還沒有滿月呢，我那2公斤就已經完全消失了！

從知道自己懷孕開始，我身邊的朋友就一直警告我，害喜會很痛苦，但我一直沒有害喜的症狀，過了這一關，到了懷孕五、六個月，朋友們又一直警告我會水腫。

我有懷孕經驗的朋友們，幾乎都水腫過，大家都會分享各種水腫的症狀，有一個還嚴重到連拖鞋都穿不進去，聽多了，我也就覺得這好像一定會發生，但一直到寶寶呱呱落地，我都不曉得什麼叫水腫，我想這是拜我有按照吃該吃的、吃對食物的準則，不該吃的，我嚴謹地一點兒也不碰，使得我能夠做到孕期零不適的結果。

我要跟所有的女性分享這樣的經驗，我做得到，妳也一定可以。

寶寶和媽媽心連心

許多人都說胎教很有用，我自己的經驗也的確是這樣。

從知道自己懷孕開始，每天心情都很好，我做什麼都會告訴肚子裡的女兒，後來我證明她真的都聽得懂。像是我要去做檢查，我前一天就告訴她明天是要照妳的手手喲，第二天檢查時，她就真的會特別把手張開；要做羊膜穿刺前，我也是跟她說叫她要躲好，到了做檢查的那天，她乖乖地縮在一邊，完全都不動，讓我的檢查非常快速簡單。在肚子裡時，寶寶都聽得懂了，更何況是出生後。

所以我更加地相信做母親的要自己保持好的心情，寶寶就會感覺得到，出生後寶寶的脾氣和個性就會相對地好帶。

擁有正確觀念，不怕寶寶難帶

在我女兒出生後，幾乎都是自己和先生兩人輪流在帶，看著她一天一天地變化，每每覺得生命的美妙和感動。我很幸運地有一個很好帶的寶寶，從月子中心回到家後，不到三個月，寶寶半夜就不會再起來喝奶，到了四個月的時候，就已經完全是從晚上七點睡到第二天早上七點的那種。

我也因此發現，睡眠對寶寶的重要，有好的睡眠，寶寶情緒就會很穩定，每天早上我起床看見她一睜開眼，就是衝著我笑，這樣做為一天的開始，我跟寶寶都很開心。

很多媽媽都會抱怨晚上要一直起來餵奶，或者白天也是寶寶一下就哭，但喝一點點奶卻又喝不下、過一下又哭，這樣折騰大人也不是寶寶想要的，而是如果大人沒有調整好寶寶喝奶的習慣，就是大家都受罪。如果我在寶寶喝奶的時間給寶寶喝足夠的量，然後給寶寶時間讓她可以消化喝進去的奶，這樣到了下一餐給寶寶喝奶的時間，寶寶就可以再喝下足夠的量。

我也要很驕傲地說，這樣照顧寶寶的方式，讓我的寶貝每次去檢查都是身高第一名、體重標準、發育很好的結果。（雖然一開始寶寶身高第一名讓我覺得很有壓力，因為我會擔心女生長太高不好，但健康是最重要的。）

真的只有自己當媽媽才能體會做母親的心情，之前我本來想頭一年自己照顧寶寶，接下來應該就會恢復工作，但現在我覺得小孩每一天都在變，我的朋友也會問我為什麼不請褓母？我不怕自己辛苦，只怕錯過女兒的成長，我常常看著她的臉，漸漸明白：在這個世界上，有一個人會讓妳願意犧牲一切去愛她、保護她。這樣的感覺，沒有當過媽媽的人，應該真的很難體會。至於工作？就隨緣吧！

邱老師出的這本《瘦孕聖經》真的能夠帶給許多人希望，並且提供即將當母親的朋友很多好的觀念，邱老師一直在教大家的事情就是「吃對東西」，我深受其莫大的益處，也希望妳們能跟我一樣，要相信：誰說媽媽不能同時擁有健康的寶寶和理想的身材？妳一定做得到！

目錄 CONTENTS

目錄 CONTENTS

第一章

懷孕的準備

孕育出健康的小孩，是許多女性的美好夢想，但卻仍有不少人因受孕問題所苦而前來諮商，希望能找到順利受孕的方法。事實上，妳只要更加愛護自己的身體，為自己和寶寶打造出良好的、溫暖的體質，要成功懷孕並沒有妳想像的那麼困難。

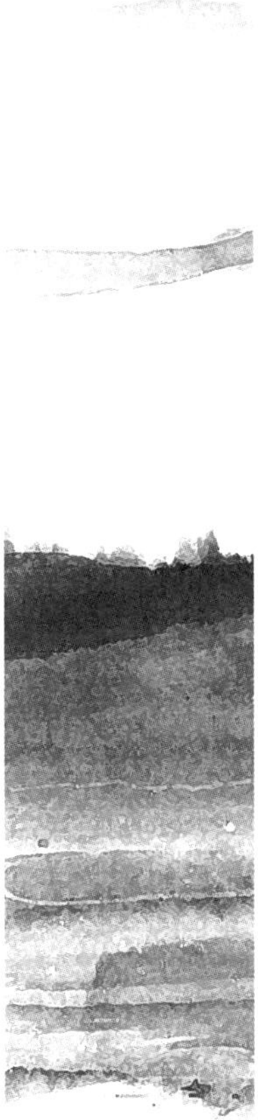

享受「好好孕」，從打造溫暖體質開始

對女人來說，藉著温暖的子宮將一個生命從只是受精卵的原型，慢慢孵育成完整的生命體，過程既美好又動人，是許多女人夢寐以求的人生必經歷程。

當然隨著時代的改變，女人擁有較多的選擇，不論傳統觀念中如何認為生育是女人的天職，或是有一些現代女性選擇跳過這一個歷程，追求自己生命的獨立自主；我認為，每一個人是不同的個體，有權利選擇最適合自己的人生去過，沒有絕對的好與壞，因此要尊重每一個人為自己做的決定。

我在幫人做養生諮詢時，幫助過許多想要懷孕、正在懷孕、以及初為人母的朋友，因此常常陪伴她們走過成為母親的過程，從她們身上，我感受到女人天性中的母愛得以發揮時，是多麼的美麗和充滿光輝，也往往備受感動。現在的我膝下無子，但如果可以重新選擇，我是渴望有機會可以成為母親的，只是這個渴望受到生理時鐘的限制，恐怕是不會達成了。

年輕時，聽過太多媽媽、阿姨們懷孕時的不適及生產時的痛苦，以及我親眼所見的產後身材變形，造成我一直對懷孕生產這件事懷著恐懼的心理，因此一年拖過一年，當我因為學習養生，也學會了幫助孕婦從準備懷孕到整個懷胎過程、生產，及產後坐月子的方法時，我已經過了最好的生育年齡。但也因為這樣，我格外喜歡幫助想成為母親的朋友達成她們的心願，看見她們孕育生命的喜悅，對我而言是莫大的幸福。

很多人會好奇地問我，前來找我諮詢養生問題最多的是什麼？坦白講，就像我第一本書《擇食》當中所提到的，現代人常碰到的健康問題，而更多的人是為了瘦身和美麗而來找我，其中最讓我自己覺得詫異的是無法懷孕的朋友佔比也非常高。那些一心想要孕育出自己的下一代，肚子卻遲遲沒有動靜的夫妻，面對他們的焦慮、挫折、失望的情緒，常常替他們覺得心疼。

的確，現今社會大部分人的工作一天比一天繁重，光是賺一份薪水，壓力就已經很難承受，大家的生活習慣上也在不知不覺中，以追求口腹之慾來彌補內心種種因壓力帶來的負面情緒，所以飲食的選擇會追求精緻、複雜調味的「美食」，而好不容易放假的週末，則用一攤接一攤的聚會來尋求快樂……，這些生活模式日積月累下來，身體和心靈都很容易失調而不自覺，再加上大多數的人都不會意識到身體所發出的警訊，體質早就陰陽失調，卻一點警覺也沒有。

在這樣的身體狀況下，有些人不論多努力準備懷孕，就是無法「做人」成功。有些好不容易受孕成功的人，卻得忍受孕期的不適或流產的痛苦。我常常碰見一群媽媽聚在一起，大家一聊起懷孕的過程，各種辛苦如數家珍，好像聊個三天三夜也講不完；我更常碰見已經生過小孩的人似乎都認為懷孕本來就是一件辛苦的事情，受罪、受苦根本就是當媽媽前天經地義的必經過程。也對啦，我們好像從小看連續劇，甚至親耳聽過自己的母親對著孩子說：「妳可是我辛辛苦苦懷胎十月生下來的！」所以也難怪我們想當然爾認定懷孕就是注定要付出辛苦的代價。

但是我要告訴各位，其實，只要做對一件事情，就會有個健康的寶寶，更可以有個零不適的美好孕期。請給妳自己一個機會，不要抗拒相信懷孕可以是從頭到尾都美好的經歷。

那件該做的事情，就是讓身體成為**「溫暖體質」**。因為溫暖的體質，是最容易受孕的體質，也是孕育寶寶的最佳狀態。除此之外，還能讓妳的孕期無比舒適，舉凡大家口耳相傳的懷孕症狀，包括：孕吐、皮膚粗糙、雙腳水腫、產後身材走樣、胸部萎縮下垂、產前產後憂鬱……甚至哺乳過程中，乳腺炎、奶水分泌不足等等苦不堪言的困擾，各種妳聽過讓人想放棄做媽媽的不適症狀，都可以不要發生。妳絕對有權利當一個散發好氣色，擁有好身材的美麗孕婦，享受真正的「好孕」。

吃出溫暖體質是一定要的

想要擁有溫暖的體質，只要根據自己的身體狀態，挑選對食物來吃，確實忌口不適合自己的食物，日常生活作息正常，每一個人都可以慢慢將體質調整成溫暖的體質。

首先，妳得先以自己目前的體質狀況來做判斷。依照我所碰到過的諮詢對象而言，大部分女生的體質狀況，常見的不外乎就是「寒性」與「陰虛火旺」兩種，其中因為太寒而引發上火的陰虛火旺體質，更佔有絕大部分的比例。

既然身體太寒，又怎麼會上火呢？在我諮詢的眾多對象中，幾乎大家都有這個疑問。其實這個道理很容易明白，因為當身體是寒性的時候，妳可以想像，血流動的速度一定會比較慢，新陳代謝也自然會跟著減緩，此時如果吃進上火的食物，身體就會缺乏能力將火順利地排出，火便開始累積在體內，時間一久就會轉變成陰虛火旺體質啦！

所以陰虛火旺體質的人，身體會有的困擾是包含寒性體質的經典症狀，例如：手腳冰冷、經痛、腰痠、分泌物多、婦科容易發炎、鼻子過敏、皮膚容易過敏等等；再外加各種上火的症狀，包括：早上起床有眼屎、眼睛乾、痠、癢、口乾舌燥、嘴破、口臭、大便顏色深、易怒、無名火、淺眠、失眠、皮膚過敏、長痘痘等等，這些統統匯集於一身，身體所承受的折磨，可就真的是有如三溫暖般冷熱交替了！

同時這樣的體質，就算妳不打算懷孕，都是在受罪了，更何況它會讓妳無法順利地孕育寶寶。最適合寶寶的身體，就是擁有溫暖體質的身體。其實，母親的身體就像是孕育所有生物的大地一樣，要提供生命所需要的養分和滋潤，溫暖的環境當然是首要條件，胚胎才會容易著床和健康成長。

而依據我所知道的道理，就是這從一而終且沒有第二條路的，從「吃」的選擇開始改變體質。

像是寒性體質要如何調整呢？首先要忌口寒性食物（包含生食、冰品），早餐前喝溫薑汁，早餐喝擇食雞湯、優質蛋白認真吃，如果有需要，可以額外在早餐後吃一顆海豹油1000毫克。

好．好．吃

我不斷地跟所有希望擁有健康的朋友強調這件事情，吃的原則其實簡單得不得了，但是有些人還是會抗拒的因素，不外乎是懶惰以及過於放縱自己。但是只要妳仔細想想，妳如果是想要做一個母親，只要稍微勤勞一些些、限制自己一點點，控制自己的飲食，就可以讓嬰兒、和妳本身母體都得到健康，這跟一人吃兩人補的道理一樣，可是好處加乘的絕佳選擇呢。

所以只要先掌握以下4點原則，妳就已經有70%達成率，請相信妳為了寶寶和自己，一定會做到！

一、攝取優質蛋白質

蛋白質存在於：魚類、肉類、蛋、黃豆以及奶類當中。但是身體能否吸收到優質的蛋白質，則端看烹調這些食材的方式。蛋白質在過長的烹調時間下營養素會被破壞殆盡，因此，烹調時間的掌握非常重要，判斷的原則是，在煮滾的情形下，烹調時間以不能超過15～20分鐘為原則，如此才能保住營養素不被破壞。吃下肚後，身體就會吸收到這些優質的蛋白質，否則，吃再多的蛋白質對健康都無濟於事外，這些劣質蛋白質在體內更會成為身體酸毒的來源。

講到這裡，我們可以先回想一下自己從小到大不論是家裡，或者是自己在外面吃到的蛋白質究竟是優質的，還是劣質（不但對身體沒有幫助，反而有傷害）的蛋白質。好，想想看，從小家裡常吃的紅燒肉、肉燥……，餐廳裡吃的咖哩雞、東坡肉、烤鴨、燒鵝、油雞、滷蛋、滷肉、茶葉蛋……等等，這些我們吃了一輩子，習以為常的肉類烹調方式，其實都是劣質的蛋白質啊，所以要記得，從現在開始拒吃這些妳習以為常的家常菜餚吧！

在蛋白質類的食材中，還有需要留意的地方，尤其對於想要懷孕的人來說。如果本身已經有婦科問題，諸如：子宮肌瘤、乳房纖維瘤，或是卵巢囊腫等等，請小心吃魚。因為魚類本身與荷爾蒙有關，如果攝取太多，也許會把肌瘤養大。想吃的話，也請盡量選擇在中午食用，每週吃1～2次就好，是比較適當的份量。

此外，也得檢視一下，自己是否對奶製品與黃豆類食物過敏。如果妳有脹氣、難以入睡、淺眠多夢、青春痘、香港腳、胃發炎、悶、脹、痛的問題，那麼黃豆以及相關製品，包括：豆干、豆腐、豆皮、豆花、豆漿、黃豆芽、納豆、毛豆、味噌、黑豆、豆豉，以及奶製品如：調味乳、起司、冰淇淋、煉乳、優酪乳等等，都要暫時忌口。還有，吃飯時，細嚼慢嚥，不要邊看電視邊吃飯，也別聊天，養成專心吃飯的習慣，也有助於改善脹氣喔。

二、下午四點以後，不吃葉菜類與水果

蔬菜水果大部分是屬於寒性食材，所以只要攝取身體需要的份量就好，並且選擇在身體新陳代謝較快速的早餐和午餐時段食用，可減少免疫系統的壓力，就比較不會水腫。

一般來說，我會建議需要調整體質的人，在早餐的時候搭配兩種水果，份量是1/2個或是6口，例如：蘋果1/2顆，美國葡萄6顆等等。午餐時，搭配2種蔬菜，份量是煮好之後加起來1碗。晚餐，則選擇非葉菜類的根莖花果類蔬菜，只吃1種，份量是煮好後的1/2碗。當然，不要忘記澱粉與優質蛋白質的攝取。在這樣的安排下，人體一天所需的蔬果量，就已經非常足夠了。

至於生冷食物，如果可以也請至少一年，除了水果之外，不攝取生食，這裡的生食包括生菜沙拉、生魚片也算在內喲。除此之外，從冰箱拿出來的冰水、飲料、食物等等，請在室溫下放置15分鐘以上退冰後再食用。我想就不需要我再強調女生愛吃的刨冰、冰淇淋之類的冰品也該絕對謝絕吧，這對寒性體質的人來說，非常重要，一定要嚴格控制。

三、遠離上火食物

陰虛火旺體質的人，除了嚴格執行優質蛋白質的攝取，以及控制蔬果攝取量等調整寒性體質的飲食習慣之外，還得認真地忌口會讓妳上火的食物。

中醫裡的上火又分為「外火」和「內火」兩種。外火指的是妳吃進去的食物所引發的上火反應，內火則是指由情緒壓力及熬夜所引發的上火。外火的問題要解決，只要下定決心認真忌口即可。

如果妳有口乾舌燥、口臭、嘴巴苦或是嘴破、早上起床有眼屎、眼睛乾、痠、癢、膚色黯沉、臉上有黑斑、身上容易長痘肉等等情形，這表示肝火旺。容易上肝火的食物首推的是辛香料，包含香油、沙茶、辣椒、咖哩、紅蔥頭、麻油、油蔥酥，以及各種食品添加物等等，所以舉凡麻辣鍋、麻油雞、薑母鴨、羊肉爐、藥燉排骨等等，都要避免。另外，堅果類如芝麻、花生、杏仁、核桃、開心果、南瓜仁這些食材，一般要好吃，大多會用高溫烘焙或炒製的方式處理，也因此都在上火食物之列，所以要盡量避免。對了，含花生的米漿也要一併避免攝取。

先前希望大家盡量不要過量攝取屬於寒性的水果類，其實也有不少成員會讓妳上火的，包括：荔枝、龍眼、榴槤、櫻桃等等，這些也都會上火，飲食前請三思。最後，大家日常生活中常見的咖啡，以及市售的黑糖薑母茶，其實也都是容易讓妳上火或火上加油的飲品，有上火時請避免攝取。

除了肝火還有腸火，症狀有便祕（羊屎便）或腹瀉，排便黏臭、唇乾脫皮、下唇紅、小腿皮膚粗糙乾燥、手上提早出現老人斑等等。最容易引發腸火就是蛋類製品了。除了各種禽類的蛋之外，以蛋為主要原料各種食品，像是皮蛋、鹹蛋、鐵蛋，還有蛋糕、蛋捲、蛋餅、泡芙、布丁、茶碗蒸、美乃滋、銅鑼燒、蛋黃酥、蛋蜜汁、鳳梨酥、牛軋糖、車輪餅等等，都是腸火製造機。還有蒜頭、蒜苗、韭菜、韭黃等等常見的料理配料，以及蝦子、蝦米等甲殼類海鮮，也都是造成腸毒的元凶，想要擁有溫暖體質的話，這些都非得割捨不可。

除了食物本身的屬性之外，烹調的方式也會影響。我們習慣的料理方式中常用的大火快炒、油炸、燒烤，也都會引起上火。能夠自己下廚的人，建議改變一下炒菜的習慣，捨棄大火爆炒，改由先將鍋子預熱，再倒入油，以溫鍋冷油的方式炒熟食物。如此一來，在廚房裡煮飯時不必像打仗，也能保住所有食材的營養素，更不會造成身體的負擔，何樂而不為呢？

四、消除內火

至於內火，則是起因於晚睡與負面情緒，這個就比較難光靠著飲食來調整了。首先，關於晚睡。現代人最常見的狀況就是太晚睡，不論是辛苦的工作，或是和朋友玩樂，有時候甚至只是看電視、上網，就可以摸到半夜一、二點。長期下來，對身體來說是一大負擔。

強烈建議十一點以前就上床睡覺，這段時間正好也是肝臟休養生息的時段，想懷孕的人更需要這樣的作息。因為如果在準備懷孕的階段，就調整好作息，將來寶寶出生後，半夜哭鬧的機率也會比較低。

引發內火的另外一個因素——負面情緒，這往往也是最棘手的問題。大多數的人其實都用了錯誤的方法來宣洩情緒，以為瘋狂血拚的短暫快樂就是發洩，以為和朋友把酒言歡，唱歌到天亮就是種放鬆，以為工作了一天回到家中，眼睛盯著電視機放空就是一種休息，其實這些都無助於宣洩情緒，只是暫時轉移注意力，反而讓壓力或負面情緒持續累積在身體裡而已。

而情緒所造成的內火在身體裡累積久了，便會反應在不同的身體部位上。如果知道自己的身體如何被心理所影響，妳就會發現這其實是件很有趣的事情，這也就是為什麼我很多諮商的對象都說我養小鬼的原因，因為往往當他們把身體症狀告訴我之後，我就能夠推敲出他們的心理狀況，然後他們就會把眼睛瞪得大大地、很驚訝地問我：「妳怎麼知道？妳是有養小鬼嗎？」其實答案很簡單，就是他們的身體出賣了他們而已。

譬如說，壓抑的是不安與焦慮的情緒，那麼妳就容易胃痛、胃悶脹、胃發炎、大腸激躁或是腹瀉。如果總是壓抑憤怒的情緒，則會反應在肝臟上，妳就會有眼屎、容易有無名火、膚色黯沉、大便祕結、胃食道逆流等身體症狀。也有許多人的內火反應發生在上呼吸道，如扁桃腺發炎、咳嗽不停、常常覺得喉嚨有痰等等，這通常代表著妳心裡存有某種恐懼。

以上所提到的種種症狀，如果在看過醫生後沒有太大改善，可能妳就要回想一下，最近是不是有些讓妳恐懼或憤怒的事情，妳不敢或不願意面對，藉著壓抑來逃避？不要再以為身體與心理倆不相關了，當身體出現這些反應時，那便是對妳提出的抗議或提醒，妳就必須正視自己的內心找出根源，徹底地解決，才能獲得健康的身心。

「三餐都要有肉、有菜、有澱粉」請講三遍

了解了食物對身體的影響，也知道如何選擇適合自己的食物後，現在就要來教妳怎麼吃。

首先，第一個要遵守的就是，三餐都要吃，而且每餐都必須有肉、有菜、有澱粉。

特別注意蛋白質必須攝取優質蛋白質，也就是不管吃羊肉、豬肉、雞肉、魚肉，烹調的時間不能超過15～20分鐘，這樣蛋白質的營養才不會被破壞。

如此一來，澱粉、蛋白質與蔬果中的營養素，都能均衡攝取，而這些營養素，就像是重新啓動身體的必備燃料，缺少了一個，就發動不起來，更別說要調整成温暖體質了。

所以不要懼怕澱粉，它不會讓妳胖，它會讓妳有精神；不要害怕吃肉，只要選擇油脂較少的部位，它並不會讓妳長肉，反而可以提供優質蛋白質，協助身體變温暖。還有，我在《擇食》一書中就公開過的四帖養生雞湯，也請想要懷孕的人，從現在開始將雞湯加入每天的早餐中，以每週一帖雞湯，並且按照順序的方式，逐週地輪流。妳的身體會在妳的均衡飲食與雞湯的滋養下，一步步朝著温暖體質前進。

如果妳沒有看過《擇食》，我再將四帖養生雞湯的食材和烹調方式公開如下：

第一週

制首烏補氣雞湯

功效：補肝腎氣

材料：雞骨架1個、雞腳6支、老薑2大塊

藥材：制首烏11 g、制黃精19 g、參鬚19 g（懷孕時抽掉這個）、枸杞子19 g（所有藥材煮前先沖洗過）

做法：

❶將雞骨架與雞腳汆燙後備用，老薑去皮後備用。

❷老薑去皮拍扁放入裝了11碗冷水的湯鍋中煮滾，加入汆燙後的雞骨架與雞腳。

❸再放入所有藥材，以中小火煮1小時後加入適量的鹽調味。

❹熄火後撈出雞骨架、老薑與藥材後，即可食用。

第二週

四神茯苓雞湯

功效：安神、美白、消水腫

材料：雞骨架1個、雞腳6支、老薑1～2大塊（建議可再加乾香菇6～7朵，去蒂頭）

藥材：四神湯1帖—芡實（生）38 g、淮山38 g、蓮子（白）38 g、茯苓（白）38 g（先剁成塊，泡水2小時後再煮湯）

做法：

❶將雞骨架與雞腳汆燙後備用，老薑去皮後備用。

❷老薑去皮拍扁放入裝了11碗冷水的湯鍋中煮滾，加入汆燙

後的雞骨架與雞腳。
❸再放入所有藥材，以中小火煮1小時後加入適量的鹽調味。
❹熄火後撈出雞骨架、老薑，藥材不需要撈出，跟湯一起食用。

第三週

天麻枸杞雞湯

功效：舒筋活絡、加强氣血循環（感冒及懷孕期間停用）

材料：雞骨架1個、雞腳6支、老薑1～2大塊

藥材：天麻38g、枸杞子38g（所有藥材煮前先沖洗過）

做法：

❶將雞骨架與雞腳汆燙後備用，老薑去皮後備用。
❷老薑去皮拍扁放入裝了11碗冷水的湯鍋中煮滾，加入汆燙後的雞骨架與雞腳。
❸再放入所有藥材，以中小火煮1小時後加入適量的鹽調味。
❹熄火後撈出雞骨架、老薑，藥材不需要撈出，跟湯一起食用。

第四週

清蔬休養雞湯

功效：讓身體休養生息

材料：雞骨架1個、雞腳6支、老薑1～2大塊。

可選擇以下1～2種來製作蔬菜雞湯，如胡蘿蔔、木耳、山藥、菱角、皇帝豆、香菇、杏鮑菇、蓮藕、茭白筍等。

藥材：一般雞湯不放藥材。

做法：

❶將雞骨架與雞腳汆燙後備用，老薑去皮後備用，紅蘿蔔去皮切塊。

❷老薑去皮拍扁放入裝了11碗冷水的湯鍋中煮滾，加入汆燙後的雞骨架與雞腳。

❸起鍋前10～20分鐘，將蔬菜放入鍋內（因蔬菜種類不同而有不同的烹調時間），以中小火煮1個小時後加入適量的鹽調味。

❹熄火後撈出雞骨架、老薑，蔬菜不需要撈出，跟湯一起食用。

這四款雞湯，製作並不複雜困難，只要按照步驟，即便是料理新手也可以輕鬆完成，另外，可以在烹調的過程中，視自己的口味加入適當的鹽來調味。

學會了雞湯，也認識了一天三餐該吃進的各種營養素，以及適合自己的食物後，從今天開始，妳的三餐就請比照以下的方式來安排：

●早餐前空腹：溫薑汁。

溫薑汁做法

材料：老薑一斤

作法：

❶老薑去皮後，切小塊。

❷放入果菜機中後，加入蓋過薑塊的水，然後打成汁。

❸把渣濾掉後，將打好的薑汁以大火煮滾後熄火，待薑汁冷卻後裝入玻璃瓶存放。

吃法：

每天早上起床，以一湯匙的薑汁加入一茶匙果寡糖，再加入50～100 c.c.熱開水，攪勻後喝即可。

註1：有胃潰瘍發作、胃發炎時，先暫停食用。另外，若是女性經血量過多者，經期期間要停止食用。

註2：只可加貳號砂糖或果寡糖，不可加黑糖，會上火；不可加蜂

蜜，會滑腸、拉肚子，且孕婦、產婦不可食用蜂蜜。（但一定要加糖才能起到把薑的熱能留在身體比較久、加强代謝，和讓體質温暖的作用。）

●早餐：雞湯1碗、澱粉適量、火鍋肉片2份、兩種水果（各1/2顆或6口）。

●午餐：澱粉適量、肉2份、2種蔬菜，煮好加起來1碗。

●晚餐：澱粉適量、肉1份、1種蔬菜，煮好後1/2碗。

蛋白質計算公式：

身高－110×3.75＝身體的蛋白質需求量

平均分成5份，早餐2份、午餐2份、晚餐1份

早餐要吃澱粉？還要吃肉？這是很多人一時之間難以適應的改變，尤其趕著上班的上班族們，不過，試著早一點點時間起床，把雞湯、飯菜都放進微波爐或電鍋後，就可以繼續早晨的出門準備工作了，其實也是相當簡單的，試試看，真的不難。

為了外食族群，我長期觀察甚至親自試吃市面上能夠提供給

外食族正確攝取優質蛋白的選擇，我發現除了小火鍋、摩斯漢堡的薑燒豬肉堡以及吉野家的豬肉丼、麥當勞的板烤雞腿堡（請不要加醬），想要到自助餐吃飯時，除了挑選適合自己的食材外，也請準備一杯熱水，所有菜色皆過油後再送入口中，一開始妳可能會覺得這種吃法太麻煩，但是當妳看到那杯充滿浮油的水杯時，妳就會明白自己過去吃進了多少對身體有害的東西。平常要是嘴饞，或是用餐時間還沒到就肚子餓的時候，可以吃一碗紅豆茯苓蓮子湯，解決口腹之慾，還能有消水腫的效果，可謂一舉兩得喔。

對於會上火的食物確實忌口，維持正常的作息，身體在短時間內的改變就足以讓妳大吃一驚。不過，建議調整體質想要懷孕的人，至少先花個三個月到半年的時間調整體質，身體調養好再懷孕，對媽媽和寶寶都好，尤其是有鼻子過敏和皮膚過敏的人別心急，為了寶寶花點時間做好萬全準備，是值得的。

同時，也很建議老公陪著太太一起調整體質，尤其是不避孕超過一年以上，仍然沒有懷孕的夫妻。先生可不要以為懷孕只是太太的事情，因為如果男生體質上火，精子的數量與品質都會下降，也會致使太太不容易受孕，所以如果能夠夫妻倆一起調整體質，有個健康寶寶絕對不是問題。更何況，夫妻一起調養，還能彼此監督，彼此鼓勵啊。

你知道懷孕前就要好好準備嗎？

除了上述的飲食調整之外，當妳準備懷孕的時候，也要做好適當的心理調適才行。

第一件事是先檢視懷孕的目的：是不是夫妻雙方都渴望成為父母，並且已經做好心理準備，一起迎接所有孕期的不適、挑戰或生活上的改變呢？以下是不適合拿來當作想成為父母的理由，可以提供你們檢視一下：是否是夫妻感情出現問題想拿小孩來拯救婚姻？還是為了滿足長輩的期望？或是女性自身賀爾蒙的影響……等等。

還有一個重大的心理建設，就是要事先做好面對流產的心理準備，流產有時候不是壞事，因為胚胎要發育成為一個嬰兒，中間要經過很多的挑戰。

另外，有三種狀況的人懷孕時要注意：(1)體重過輕 (2)體重過重(3)高齡產婦（妊娠糖尿病及妊娠高血壓的高危險群）這三者，必須嚴格做好飲食控制，最好在懷孕前調整至理想體重再懷孕喔！

好孕小叮嚀

懷孕前的準備事項：

■如果妳的子宮肌瘤過大，而且伴隨著每個月都有大量的出血，建議妳先向婦產科醫師諮詢，看看自己適不適合懷孕，再做決定。

■如果擁有過敏體質，不論是鼻子過敏或是皮膚過敏，先將過敏症狀穩定，至少三個月沒有發作後，再來懷孕，否則寶寶可能也會容易有過敏的現象。

■從準備懷孕開始，就盡量不要穿著高跟鞋。尤其是現代的女生，都有骨盆歪斜或是脊椎側彎的問題，穿高跟鞋只會讓這些情形加劇，並且影響懷孕。

■想讓身體變溫暖，每天15分鐘左右的泡澡或泡腳也很有幫助。泡澡請以半身浴為主，水的溫度以不刺痛皮膚為準，沒泡在熱水中的上半身，則用熱水反覆淋浴，保持溫暖，也避免著涼。若家中沒浴缸的話，泡腳也會有相同的效果，水深則是到小腿的一半即可。（有糖尿病、高血壓、心血管疾病者不宜）

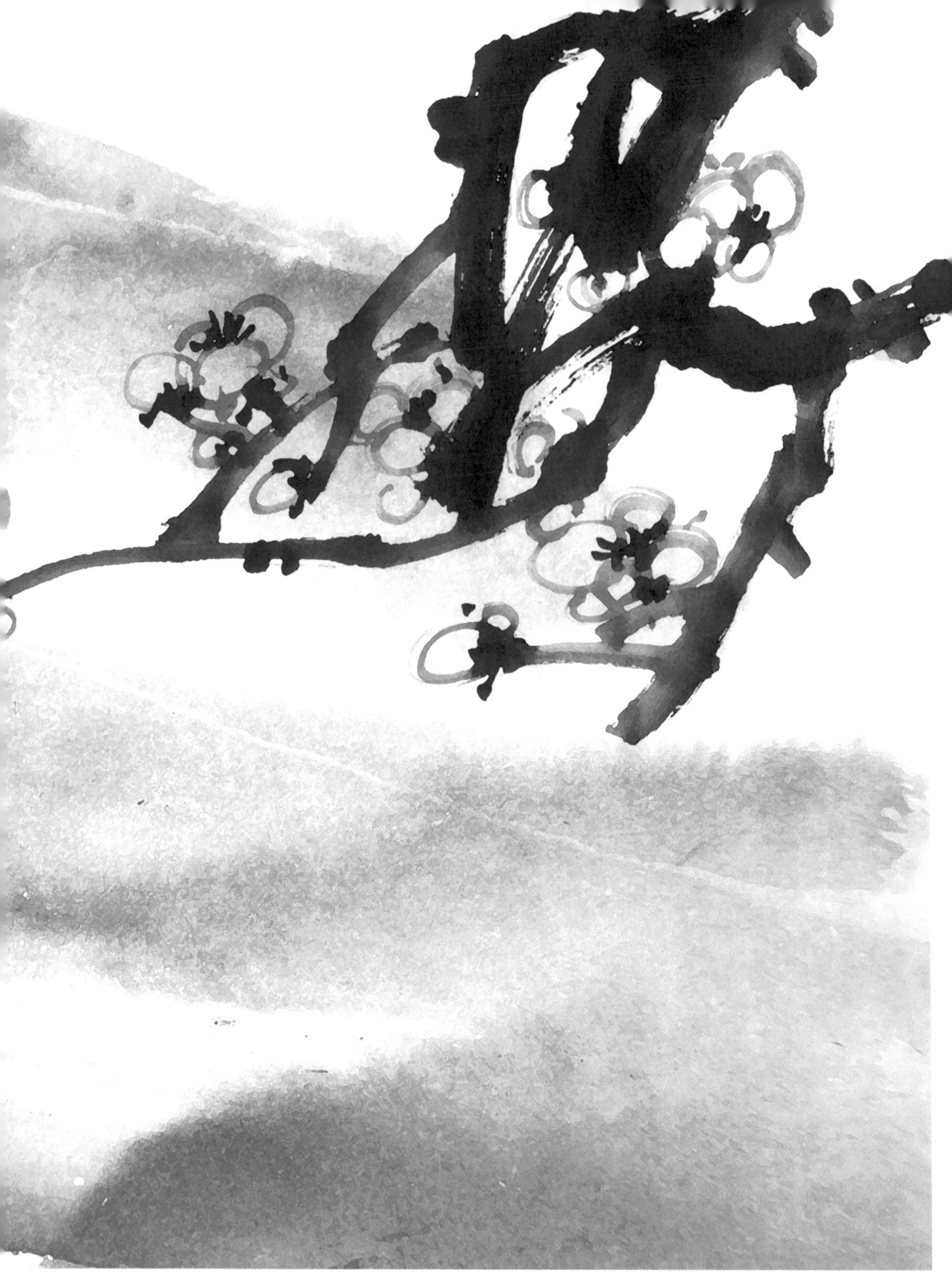

第二章

孕期初0～12週

從此妳不再只有自己，在妳的腹中已經有一個胚胎正在成長，雖然此時他還是一個小小的胚胎，但是就從這個時候開始，所有妳吃下去的食物，以及妳的心情、感覺，這個小小的胚胎都會同時接收，所以妳要小心地選擇飲食，才能讓寶寶都吸收到好的東西，同時妳也不會因懷孕而過胖，或是有害喜的痛苦。讓我們努力將寶寶孕育長大唷！

吃對食物，揮別孕期不適

這章開宗明義就是要告訴各位懷孕初期的各種準備，0～12週的意思就是從「無」到「有」的這個階段。

妳從期待生命的到來，到胚胎真正地著床成功，一個新生命在妳的身體裡開始展開，妳與這個即將成形的生命之間的互動，只有妳一個人可以真正感受，他的心跳妳會第一個感受到，而在妳身體裡這個生命也最能夠感受妳的心跳、妳的心情、妳所給予的溫暖、妳所滋養他的養分……一切的一切，再也沒有別的個體能夠感受到妳如同寶寶一樣。

所以不難想像，從擁有並孕育一個生命的開始，妳所有的選擇，都不只是妳一個人承受而已，妳肚子裡的那個寶寶，也將跟著妳一同承受妳所有的選擇。當妳選擇快樂，他就會跟著感受快樂；妳選擇吃營養正確的食物，他就會有充分的養分而得以健康地成長。這一切，妳將不只要為自己負責，更要為還不具備自主生存能力的他負責。

說到這裡，我想妳應該已經做好善待這個小生命的心理準備，也做好正確心理建設。如果按照我的方式調養好溫暖的身體，根據我累積的諮商經驗，花上一些時間調養後，多半都能順利懷孕。如果妳也是如此，那麼先恭喜妳，如願以償地將妳的人生往圓滿又跨近一步。至於一些之前沒有接觸過我的養生方式的朋友，如果妳是懷孕後才讀到這本書，也不用過於擔心，只要有心去做，隨時開始調養身體都來得及，如同我常常鼓勵大家追求健康的事情，只要肯付出百分之十，妳就一定會獲得百分之十，怎麼樣都比不做的零來得好。

懷孕後不能不知道的事

確定懷孕之後，做媽媽的在心情上難免會緊張，或異常興奮，在初迎接這個好消息時，這些必然的情緒是絕對可以理解的，但是媽媽要盡量告訴自己，平穩的情緒是妳和寶寶都非常需要的感受，因此妳要維持正常的生活作息，同時越在這種時候越要讓自己繼續選擇適合的食物來吃，而依據前一章節，妳所判斷出來不適合自己的食物，妳更要下定決心拒絕它們。

妳可以告訴自己，這麼做可不是為了別人，最大的受惠者是妳自己，因為只要能夠快樂開心地挑選自己該吃的食物，妳就會有一個非常舒適的孕期。至於其它的好處，那真是族繁不及備載，但隨著妳閱讀完這本書，妳會了解好好擇食而吃，健康和美麗是會緊緊跟隨妳和寶寶的喲！

提醒懷孕初期的妳：

DO

- ☑持續適量攝取優質蛋白質，每餐都有肉、有菜、有澱粉的飲食原則別忘記。
- ☑保持正常生活作息，記得11點就上床睡覺，將來寶寶才不會半夜吵得妳不得安寧。
- ☑記得補充葉酸、孕婦維他命。

☑增加鈣質補充，1000毫克的檸檬酸鈣，三餐後各吃1顆。

Don't

☑別穿高跟鞋。高跟鞋會導致骨盆歪斜或使脊椎側彎更嚴重，並且影響懷孕。

☑避免劇烈運動，諸如打球、跑步、劇烈的有氧運動都應停止。

☑四帖雞湯中，第一帖雞湯去掉參鬚，第三帖雞湯停用，並且維持整個孕期。

☑泡澡或泡腳在孕期當中是被禁止的喲。

☑孕婦要避免提重物。

計算優質蛋白質的完美公式

在我的飲食建議中，優質蛋白質扮演了很重要的角色，也是營養素攝取的重點之一。而隨著懷孕週數的增加，蛋白質的攝取量，是需要跟著做調整以提供給寶寶足夠的營養。不過，在懷孕初期，蛋白質的攝取量，維持在和未懷孕前相同即可。

蛋白質的數量是怎麼決定的呢？其實很簡單，是根據大家熟知的理想體重計算方式為基礎去搭配計算的。

舉例來說，一個160公分高的女生，理想體重就會是50公斤，公式是160－110＝50。而50公斤的人，只要身體一切正常，沒有任何疾病或內臟器官功能衰退，一天所需的優質蛋白質約為5兩，大約是187.5克。

也就是說每1公斤的體重，會需要約3.75克的蛋白質來支撐。因此，妳可以算算看妳自己的理想體重是多少，再推算出妳所需要的蛋白質量有多少。計算方式如下：

（身高－110）×3.75克＝妳需要的蛋白質

掌握了一天所需的蛋白質總量後，接下來就是如何分配在三餐中了。假使妳是個朝九晚五的上班族，每天可以在七點半以前吃完晚餐的話，那麼一天所需的蛋白質，就以2：2：1的比例，分配在三餐中當中。

如果妳的下班時間較晚，在七點半前吃完晚餐簡直比登天還難，那麼就直接平均分配在早餐和午餐即可，晚餐就不要攝取蛋白質了，但是澱粉的攝取還是不能捨棄喔。

至於優質蛋白質的來源，我強烈建議以肉類為主。舉凡羊肉、豬肉、雞肉、魚類以及海鮮，都是很好的選擇。在選擇肉類時，還有個大原則，那就是「羊肉比豬肉好，豬肉比雞肉好，雞肉比魚肉好，魚肉又比海鮮好」。所以，盡量多吃質性較温暖的羊肉吧。

看到這裡，相信妳心中一定浮現出一個疑問，那就是，牛肉呢？牛肉應該也算營養的肉類，到底可不可以吃？答案是，不建議。在我的經驗裡，牛肉容易引發上火反應、口臭，以及導致婦科方面的發炎症狀，所以，不建議大家吃牛肉。另外要特別提醒的是，如果有腎臟病史及痛風或尿酸過高者，優質蛋白質攝取量也請徵詢專業建議。還有，本身有胃潰瘍、胃脹、胃發炎情形的人，請務必忌口雞肉一陣子，而有膽固醇過高情形的人，則要避開海鮮類，免得適得其反，有婦科腫瘤如子宮肌瘤、卵巢囊腫、乳房纖維瘤的人不要吃魚。

懷孕初期這樣吃

建議妳的三餐分配是，早餐前喝薑汁，早餐是喝孕期雞湯、吃優質蛋白，吃2份水果（加起來一碗）、澱粉（請盡量以抗性澱粉為主，避免血糖快速飆高）。中餐是2份優質蛋白、2種蔬菜加起來一碗、澱粉（請盡量以抗性澱粉為主）。晚餐是1份優質蛋白、1份蔬菜半碗的量、抗性澱粉。如果下午覺得會餓，可以用紅豆茯苓蓮子湯當點心吃。

如果要吃輔助性補充品的話，早中晚各一粒檸檬酸鈣1000毫克；孕婦維他命及葉酸等請遵照醫師指示。

害喜症狀是你自己造成的

懷孕初期，最讓準媽媽們備受挑戰的就是晨間孕吐，也就是俗稱的害喜。不過，按照我的方法調整體質而成功懷孕的孕婦中，到目前為止，還沒有人在懷孕期間害喜呢，而這個零害喜的紀錄，並不需要什麼特別難的方法，也是依靠正確的飲食方式就可以達到了喔。其實害喜的成因，乃是因為懷孕初期，身體內的賀爾蒙失去平衡所造成，所以正確的飲食可以幫助體內運作正常，相對地對於穩定賀爾蒙也有幫助。不過，如果偶爾還是有輕微的害喜，也是有方法能夠舒緩的。

首先，睡覺前準備一包蘇打餅乾，並且用保溫瓶裝一杯溫開水，安置在床頭，或是方便拿取的地方。隔天早上醒來時，先不要起身，只需要把頭、頸稍微墊高約45度角即可。在床上先吃個3～5片的蘇打餅乾，每一片分成3～4口吃完，並且每一口都要嚼30下，都得要細嚼慢嚥才行，之後再慢慢喝下溫開水。吃完之後，再慢慢地坐起來，然後再緩慢地下床。如此一來，早上害喜的狀況就會改善。

其實，上一章提到的每天早上空腹時喝的薑汁，對於緩解害喜症狀也很有幫助，可以用3大匙薑汁＋500 c.c.溫熱開水＋適量貳號砂糖或果寡糖裝在保溫杯裡，有害喜狀況時，一次1口含著慢慢吞下去，可以連續喝個兩三口。另外有些人說酸梅可止吐，但因為酸梅屬於加工蜜餞不建議吃，可吃一點蔓越莓果乾。

當害喜者三餐無法正常進食時，可改成少量多餐，但注意每一餐要有肉有菜有澱粉。下午4點前可以用水果來代替蔬菜（聞到油耗味會反胃者可使用），肉可清燙、或使用薑汁醬油拌炒、也可以用中低溫慢火煎。沒有子宮肌瘤者，可用薑絲醬油蒸魚吃。

好孕小叮嚀

提醒懷孕初期的妳：

■不要因為懷孕就讓自己有藉口大開「吃」戒。因為已經懷孕的妳，不管吃下任何東西、做出任何選擇，都是妳和肚子裡的寶寶，兩個人共同要承擔的。

■攝取適量的優質蛋白質，是讓寶寶健康成長的重要關鍵，千萬不要忽略。而給寶寶最好的愛，就是不偏食任何一樣營養素，並且只攝取對身體好的食物。

■正確的飲食習慣，其實可以讓妳免去害喜之苦。因為害喜是賀爾蒙分泌失調的症狀，而上火則是造成內分泌失調的元凶之一，只要調養得宜，妳可以有個舒適的懷孕過程。

■如果害喜了，千萬不要特吃猛吃、用不當的方法抑制想吐的感覺，使用正確的方式才能真正的舒緩害喜，多吃的那些都只會造成妳身體更大的負擔。建議可以用薑汁加熱開水稀釋，再加一點貳號砂糖，服用溫薑汁可舒緩害喜的嘔吐感。

好孕實證1

吃對了，孕期不適不再來！

劉佳語
年齡：33歲
職業：行政會計
主要調養重點：懷孕期間的營養與健康、血液循環不良、易頭暈、頭痛
懷孕情形：寶寶四個月大，哺乳中

我結婚後一直很想懷孕，非常想生小孩，可是結婚三年來，始終沒有動靜，於是便開始嘗試人工受孕以及中醫治療。同時，一位朋友在邱老師的調養下整個人變得容光煥發，她建議超級想要生小孩的我與邱老師聯繫看看。正巧和邱老師終於聯繫上時，我的肚子也終於有了好消息，因此第一次和邱老師做諮詢時，我已經懷孕四個月了。

當時，我的牙齦腫脹，還有嚴重耳鳴，單耳幾乎一整天都聽不到聲音，像是有個東西蓋住耳朵一樣。我單純地以為這只是因為懷孕身體而產生的變化之一，萬萬沒有想到是和我吃進嘴巴裡的食物

有關。

記得當時聽大家說，黃豆類食品有豐富的營養素，對寶寶發育很好，於是我不斷地吃黃豆類製品。在飲食方面，我狂吃當時我以為對寶寶有幫助的食物，並且對所有相關資訊沒有思考地照單全收，因為肚子裡的寶寶，真的是盼了好久好久才獲得的，我一定要好好照顧他，認真地把他養大。

同時，我的家人也很照顧我，每天早上都會幫我準備一顆雞蛋，讓我攝取到足夠的蛋白質；而我又聽說吃起司可以補充鈣質，所以呢，我也在早餐的麵包中加入起司做搭配。平常更是吃很多堅果類，因為這些東西都是很營養的呢。

但是，邱老師徹底打破了我對食物的迷思，也顛覆了我既有的孕期營養知識。

在檢視了我的飲食習慣後，邱老師一一點出過去四個月我所吃的，那些我以為對寶寶好的食物，其實都是不適合我的體質。例如，我的牙齦腫脹，就是吃了太多黃豆類製品所引起。

聽著邱老師根據我填寫的身體狀況，逐項解釋，我好驚訝結果居然和大家一般認定的營養觀念落差這麼大！

首先，最大的改變，就是得不吃蛋。我心想，蛋，不是很營養嗎？尤其我超愛吃蛋的，更何況，過去四個月，我還每天一顆蛋呢！不能吃蛋，還真的是晴天霹靂。

「那蛋白質的攝取要從哪裡來？」我問邱老師。

只見邱老師不疾不徐地說：「**吃肉。而且烹調時間不要超過15分鐘，妳就可以攝取到優質的蛋白質。**」

天哪，吃肉！這是繼不能吃蛋之後，又一個大問號。而且我從小就不愛吃肉，這對我來說真的是一大難題。而且還要三餐同時都有肉、菜、澱粉。而且每餐都要吃澱粉，大家不是都說攝取澱粉，只會胖到媽媽嗎？

但是在聽了邱老師的解釋後，我明白了身體必須同時均衡地攝取各種營養素，在各種養分的相互搭配之下，身體的運作才會達到最好的狀態。我也漸漸明白，選擇適合自己的食物，並且營養均衡，不偏食任何一種營養素，而且只需要攝取身體需要的量即可，如此一來，才是對寶寶最好的。

緊接著，邱老師在飲食清單上，針對我的體質劃掉了好多食材，包括了我最愛的某些水果類，當然，讓我牙齦腫脹的黃豆類也得消失。

帶著邱老師給我的食物建議清單回到家，其實有點忐忑，因為這和家人的飲食習慣差異頗大，而且不少大家普遍認為是健康營養的食材，例如：鮭魚、豆漿等等，也被建議先不要吃。一開始家人覺得有點奇怪，不過我和老公慢慢地和家人溝通，逐一解釋食物的特性，以及吃進不適合自己的食物，身體會有什麼反應等等，最後大家也都慢慢接受了。我婆婆甚至到最後都不用蒜頭炒菜，改用薑下鍋了。

在所有邱老師刪掉的食材中，我最驚訝的還有水果類。尤其，我是個從小就愛吃水果，也深信多吃水果對女生皮膚好的人。

但是，沒想到邱老師說：「**妳就是吃太多水果，身體才會這麼寒。**」本想說，好啦，那我少吃一點水果好了。正當我下定決心時，邱老師下一個就把我最愛吃的水果，荔枝，從清單上刪除。原因當然是，荔枝是上火榜上有名的水果之一。

我想起從前，我總買個一大把荔枝，回到家後，就跟妹妹一起邊看電視邊吃，兩個人就這樣一顆又一顆地把一整把都吃光了，而我的家人也都很愛吃荔枝。一想到懷孕期間，正是荔枝的盛產期，但我卻不能吃，實在有點煎熬。

不過，我告訴自己要忍耐，實在忍受不了時，就離開現場，眼不見為淨。最後，我懷孕期間一顆荔枝都沒有碰喔！

割捨掉了我最愛的荔枝與雞蛋後，還得挑戰我不愛吃的肉類，尤其是羊肉。

羊肉的味道特殊，不論怎麼料理，讓我每次都得捏著鼻子强迫自己吃完。不過邱老師說，**羊肉可以讓我生產時肌肉更有力量，為了生產順利，為了寶寶，我還是會告訴自己，吃就對了。**

就這樣按照邱老師的飲食建議吃了一個多月，我的牙齦腫脹完全消失，而且耳鳴的狀況也改善很多，從過去可能一整天都聽不到的狀況，慢慢變成只有半天聽不到，甚至是只有幾個小時聽不到而已。而原本多夢的我，開始吃了鈣片之後，也改善很多。

我對自己身體的改變感到驚訝，沒想到光靠著改變吃的東西，就可以改善懷孕期間身體的不適，真的是太幸福了，也覺得和邱老師真是相見恨晚。

接下來的幾次諮詢期間，我跟老公都努力執行邱老師的飲食建議，出門時，我們永遠都吃小火鍋，就連朋友聚餐也是，因為我想要有一個對寶寶好也對自己好的懷孕過程。

除了親身體會到，吃對食物後身體的回報，以及完全沒有不適的孕期之外，對於常常聽到朋友提醒我的水腫問題，我更是從來沒有擔心過。

記得有一次我想買一雙有氣墊的鞋子，好讓自己走路舒服點。賣鞋的店員看我是孕婦，強烈建議我買大一號的鞋子，原因是懷孕到後期，一定會水腫，鞋子就會穿不下了。沒想到這時候我老公充滿自信地說：「不用買大一號，她一定不會水腫。」

後來我問老公，哪裡來的自信？他說：「只要妳按照邱老師說的建議，認真吃東西，我覺得妳一定不會水腫。」事實證明，我真的一點水腫都沒有。**沒想到我的懷孕過程，可以破除大家對懷孕時一些身體症狀的迷思，而且靠的只是飲食的改變而已。**

在懷孕的過中，我的公公常會問我說，有沒有哪裡不舒服？肚子越來越大啦，生活上有沒有哪裡不適應的？不過，我的回答都是：「沒有，很舒適。」我公公還開玩笑地說：「妳很適合生小孩。」聽到公公說的這句話，回想起過去努力想要懷孕的過程，真的感觸很多。

過去，為了懷孕，人工受孕的治療前前後後總共進行了三次。記得當時我必須每隔一天就打一次針，先生原本還擔心我的身體會承受不了，但是其實我的心理壓力，比身體承受的壓力還要大。特別是每次結果揭曉的時刻，原本期待的心情，卻總是落空。因為在事前醫生們總是說，我還年輕，成功機率有50％以上，但是，每次的結果都落空，我也每次都哭得好傷心。

後來我轉而尋求中醫的協助，我老公怕我沒耐性的個性會半途而廢，便跟著我一起吃中藥，兩個人都藉著中藥來調養身體。但是看了中醫不到三個月，我受不了漫長的等待，無法接受不知道什麼時候會有結果的煎熬，又再去進行了一次人工受孕。

沒想到，這次的結果更讓人傷心。因為，起初受孕成功了很開心，但是兩個月過去，寶寶一點長大的跡象都沒有，醫生最後決定讓我吃RU486，排掉這個寶寶。吃了那個藥，真的好痛，痛到我得在家裡躺上一整天，身體和心理都受到傷害。這次受孕失敗後，我才又回到中醫師的懷抱，繼續藉著中醫調養身體，希望能夠成功懷孕。

但是，現在的我，有了一個可愛的寶寶，正在哺乳當中，而且奶水量充足，冰箱裡還已經有了一個多月的存糧。我的寶寶甚至在一個多月以後，就已經可以一覺到天亮，也沒有腸絞痛的問題。這對我這個新手媽媽來説，真的是很大的福氣，我想這應該和懷孕期間，正確的飲食與正常作息有很大的關係。

現在，我想著要再懷下一胎，也打算餵母奶滿六個月後，要再度和邱老師碰面，因為我還想再生一個寶寶！而且我相信**在邱老師的調養方式下，我不必再忍受打排卵針或中藥調理才能懷孕的漫長過程。**

第三章

孕期中13～24週

進入懷孕中期，意味著妳已經和肚子裡的孩子一起呼吸、一起生活了一段時間，肚子裡的寶寶從這個階段開始也會快速地成長，所以媽媽就要注意自己飲食的份量和營養素是否足夠，體重也會因此開始變化。此時妳更要控制自己的體重，不要隨意地大吃大喝，才能夠保持健康的身心及好身材喔！

孕期中13～24週

認真攝取優質蛋白質和膠質，控制體重不超標

懷孕進行到第13週，肚子已經慢慢變大，到了讓人一眼就能看出妳是個準媽媽的階段，甚至還得開始打點自己的孕婦裝了，相信此時的妳，應該已經習慣了身體裡有個小生命跟著妳一起吸收、茁壯。

在這個階段，寶寶長大的速度開始加快加速，大約20週開始，妳會感受到寶寶的動靜，而這一點一滴的胎動，正是妳親愛的寶寶在跟妳打招呼，妳可以更明確地感受到寶寶的存在。所以囉，更要謹慎地挑選吃進嘴裡的食物，如果妳一直都認真忌口，那麼請繼續維持；如果偶爾有偷吃或是貪嘴，那麼請想想，妳所吃進的每一口食物，都是寶寶的養分，即便只是一小口，都直接關係到寶寶的吸收。如果妳吃進對身體不好的食物，身體會加以吸收，在妳肚子裡

的寶寶當然也會吸收到這些上火或寒性食物的不好成分啊！所以，對於該忌口的食物，一定要繼續堅持拒吃；而必須攝取的營養素，也一定要繼續認真吃，堅持下去！

增量攝取優質蛋白質滋養寶寶

基本上，要吃哪些食物，該怎麼作息，都和懷孕前及懷孕初期的體質調整相同，唯一不同的是，優質蛋白質在這個階段必須增量攝取。

蛋白質是生命成長過程中最重要的營養素之一，而懷孕進入中期，不只媽媽需要養分，寶寶對於營養的需求也大幅增加，因此，每天攝取的蛋白質要增加50％。

現在請回想前面教過妳的蛋白質攝取計算公式，按照妳所需的蛋白質量，加上50％，便是妳在未來三個月中，每天必須要攝取的優質蛋白質數量。

以160公分高的女生來說，懷孕初期需要的蛋白質量為一天5兩（約187.5克）；進入到中期，必須增加2.5兩（約94克），也就是說一整天必須攝取總量約7.5兩（約281克）的肉類。或許妳對這些數字沒有概念，或許妳已經很瞭解這些數字代表多少，這樣乍看之下好像很多，不過分配到三餐之中的話，其實剛剛好呢。

如果妳可以在晚上七點半前吃完晚餐，就請依照3兩：2.5兩：2兩的比例把一天之內該吃的肉類，分配到三餐之中。亦即，早餐3兩（約113克）肉類，午餐2.5兩（約94克），晚餐2兩（約75克）。

如果妳真的沒辦法在七點半前吃完晚餐，那麼，就把增加的肉類平均分配到早餐和午餐，早餐和午餐的肉類都要達到3.5兩（約131克）。或選擇在下午吃一塊去皮的炸雞，把晚餐所需要攝取的蛋白質，移到下午時候吃掉。在白天把肉類吃掉，身體也有充裕的時間來消化和吸收。

攝取膠質好處多多

接下來，要登場的是從現在開始要加入妳的飲食清單中的重要營養素：膠質。

多補充膠質，可以讓妳的肚皮增加延展性，在肚子慢慢被撐大的過程中，可以減少妊娠紋的出現。而膠質存在於哪些食物中呢？除了大家熟悉的豬腳以外，雞腳、牛筋、豬皮以及海參、花膠，都含有豐富的膠質。膠質跟其他營養素比起來，有一個好處就是耐久煮，不會因為烹調時間過長而導致營養素流失，因此我們可以用滷的方式來料理，既能吸收到營養也超級美味。所以囉，滷味攤裡所販售的東西呢，幾乎只有這種耐久煮的膠質類可以吃，其他大部分都屬於上火或是劣質蛋白喔。但要記得滷味攤買回的滷雞腳要先過熱開水後再吃，因為滷汁裡可能會有香油或其他會上火的辛香料。

另外，妳可別選擇市面上加了很多辛香料的滷包來料理，別忘了大部分的辛香料都會讓妳和寶寶上火。**最佳的滷汁配方，就是先用老薑去皮拍扁，加入清醬油與些許的水。喜歡肉桂的人，可以加點肉桂粉或肉桂葉增加香氣，再加一點糖和米酒，一起和材料下鍋**

燉滷。這簡單的滷汁製作方法，就能變化出一道能補充營養又能維持身體溫暖質地的菜餚，讓妳輕鬆端上桌。

至於該吃多少呢？建議準媽媽每週至少要補充3次的膠質，每次大約1/2碗量。以豬皮來說，大約是巴掌大的大小就可以了，大一點的雞腳差不多2支的份量就很足夠了。

除了蛋白質和膠質的增加之外，鈣質的攝取也切記不能間斷，也請妳在睡前增加1000毫克的檸檬酸鈣一顆，能讓妳有個安穩的好眠。

至於蔬菜水果的攝取量，可別跟著加倍，維持原本的數量就好。除非，懷孕中期出現排便比較不順暢，或是便便比較硬的狀況，可以在午餐或是下午四點以前，多吃1份水果。當然，這邊所指的1份水果，是1/2顆或是6口，小心不要吃多了，因為吃太多蔬果很有可能會造成水腫，或因體質變寒而讓免疫力下降。如果想再多攝取補充營養品的話，早中晚及睡前，可以再食用檸檬酸鈣1000毫克各一粒；孕婦維他命及葉酸等，則要遵照醫師指示服用。

以上就是在懷孕中期需要加量的營養素，是不是很簡單就能掌握呢？為了妳和肚子裡的寶寶能擁有健康身心，請繼續加油！

孕期增加8公斤剛剛好

現在呢，我們來看看體重。在我調理的孕婦中，前面三個月其實都不會增加體重的，體重是在進入到第四個月之後才開始增加。所以，妳現在的體重比懷孕前增加多少了呢？

所以先讓我們細數過重的後果：體重增加太多，過重的寶寶對媽媽其實是一大負擔，更會增加生產的難度，更別說還有可能會引發孕婦高血壓、糖尿病等等。因此，適當地增重，不只寶寶健康，媽媽也能神清氣爽。所以體重控制問題，不單單只是牽涉到寶寶的重量而已，也關乎到母體的健康，如果沒有正確的飲食，就有可能會胖到媽媽身上。

至於該增加多少重量才是正常呢？通常在西醫門診中，正常情況下婦產科醫生都會建議體重增加10公斤左右，但是，我諮商的孕婦增重標準是：「8」公斤。沒錯，就是8公斤，妳沒聽錯，也絕對不會太少！

而且從懷孕到生產過程當中，這8公斤還有嚴格的分配控管。首先，懷孕初期三個月內，體重不應該有所增加。

從第四個月開始，以每一個月增加1公斤為標準。到了最後兩個月，寶寶可能會大得比較快，就算一個月就算增加1.5公斤也沒關係。總之，最好不要超過8公斤就對了。到目前為止，我所調養的孕婦當中，普遍增重都在8～10公斤左右，每個寶寶也都是接近2800克～3100克的健康寶寶。不要以為這個目標很難，事實證明只要妳按照我的建議，確實忌口、作息正常，妳也能辦得到。

至於懷孕前三個月，體重為何不應該增加呢？其實，懷孕前三個月受精卵在子宮裡其實還只是一顆小紅豆大小而已，這時候體重如果增加，可就真的都是媽媽的問題了。而且體重的增加，多半是水腫的關係。因為懷孕初期的媽媽，體內賀爾蒙不平衡，或者營養攝取不均衡，都會引起水腫；也常見到有些情緒不平衡的孕婦，會在懷孕期間過量攝取一些上火的食物，如洋芋片、爆米花等等，或者迷信大量的生菜水果可以讓寶寶皮膚漂亮，這樣不按照自己的體質進食，得到的結果當然就是水腫囉！

所以，懷孕初期沒有增重的媽媽，也表示確實做到了正確飲食及作息，別再把懷孕當作吃東西的免死金牌了，媽媽的身體狀況和寶寶息息相關，切記這點準沒錯！

消除妊娠紋的最佳時機就是現在！

辛苦懷孕的媽媽們，為了懷孕身體產生了劇烈的變化，而最大的改變莫過於必須被撐大的肚皮，幾乎每個媽媽或多或少都會有一些妊娠紋，這個所有女生都害怕的身體印記，往往毫不留情地破壞皮膚的美觀，有的人甚至從此得和比基尼、迷你裙說再見。所以，當肚子開始變大的懷孕中期，不管妳用哪個品牌的除紋霜、滋養乳液，此時此刻就可以開始使用了，不要等生完卸貨了才開始擦拭，那早已錯過最佳的時機。

最佳的除紋滋養乳液塗抹時間，建議在洗完澡後或是睡前，針對變化最大的肚皮塗抹，一邊塗抹的時候，也可以順便跟寶寶說說話、培養妳們之間的感情。其次，身體的其他部位，也可能會因為懷孕皮膚而跟著改變，所以第二個要照顧的部位便是胸部，如果胸部這段時間大得很快，記得胸部皮膚也要擦點除紋霜。此外，記得腰側、腰後、大腿內外側、鼠蹊部、臀部、臀部下方，都記得一併保養，這些地方也會因為妳的身體跟著產生一些變化，想要卸貨後跟少女一樣的話，就不要輕忽這些地方的細節保養。

每個部位在塗抹時可以加入按摩手法強化吸收，接下來就用肚子這個部位示範，如何利用簡單的手法，達到皮膚保養與紓解壓力的雙重效果。記得身體的其他部位，也要比照辦理喔。不過，一旦皮膚發現異狀或是有任何不舒服，就應該要立刻停止，並且請教專業醫師的建議才行。

肚皮舒緩除紋按摩

開始按摩前，可先做幾個深呼吸，讓自己放鬆，也可以把雙手手掌搓熱，再塗上自己慣用的除紋霜。

❶以雙手手掌交替，以順時針的方向，繞著肚皮塗抹除紋霜，持

續打圈按摩約3～5次，讓除紋霜好好吸收，手掌的熱度與皮膚的撫觸，也有助於舒緩妳和寶寶。

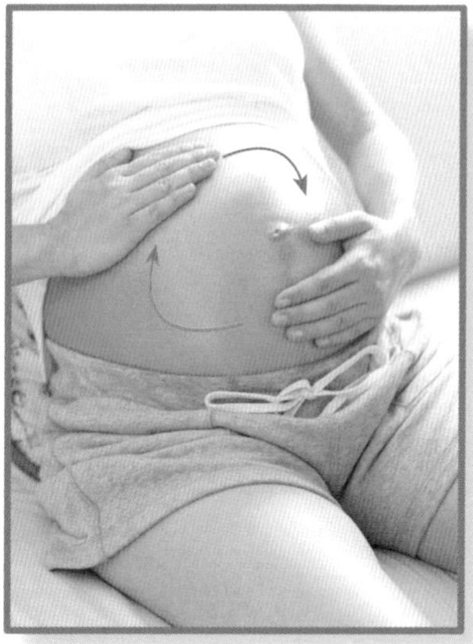

❷接下來照顧下腹部，雙手交替著由下腹部往上撫滑到肚臍處，也是重複約3～5次。

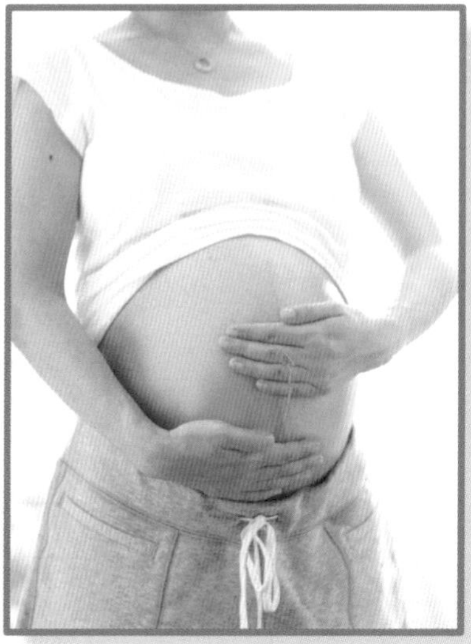

❸再由肚子兩側往肚臍方向輕推撫滑，一樣重複約3～5次。

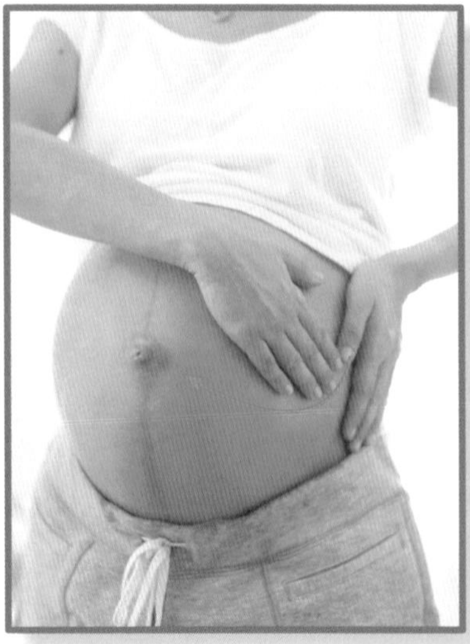

整套肚子按摩大約10～15分鐘左右，最後也請將雙手輕柔地安放在肚子上，為按摩畫下尾聲，同時感受一下寶寶和妳的互動，並趁著這個時候，和寶寶說說心裡的話，將妳滿滿的愛傳遞給寶寶。不要以為寶寶只是個胚胎或是根本聽不懂話語就不跟他溝通，我相信胎兒是有靈性的，只要妳用心傳達、用愛去表達，在妳肚子裡的寶寶一定能夠在心裡深處感受到妳對他的愛。

準媽媽一定要注意的生活禁忌

在懷孕期間，除了飲食的選擇，也可以用按摩來照顧舒緩自己。適當的按摩，可以舒緩緊繃的心情和肌肉，而且透過皮膚的撫觸，也可以和肚子裡的寶寶產生互動，這也是種很美好的胎教啊。

孕期間的按摩，妳可以自己動手，也可以請老公或家人協助。在下一個章節，將會有為準媽媽量身打造的按摩建議，但是，在這之前，要事先說明的是，某些特殊情況下，是不適合在懷孕期間進行按摩的，請妳在開始按摩前，先確認自己是否有以下情形。

絕對不能進行按摩的狀況：

◎懷孕前12週不宜按摩。
◎有流產、或早產的歷史不適合在懷孕期間進行按摩。
◎子宮頸閉鎖不全、前置胎盤、胎盤剝離者，忌按摩。
◎懷孕期間有糖尿病、高血壓與妊娠毒血症者，不宜。
◎靜脈曲張嚴重者，不適合孕期按摩。
◎肚子餓、剛吃飽或是嚴重負面情緒時，不要按摩。
◎影響懷孕的部分穴位，嚴禁按摩。

按摩過程中，必須加倍小心的地方：

◎懷孕最後一個半月，按摩力道不宜太強。

◎乳房、腹部、脊椎以及關節足踝，這幾個地方不可以大力施壓。

◎按摩時避開傷口、皮膚紅疹，或有感染之處。

◎按摩過程中，如有任何不適，馬上停止。

除了按摩，前面章節一開始就告訴大家懷孕期間要停止泡澡或泡腳的建議，讓許多愛泡澡的媽媽，大呼可惜。不過，因為懷孕期間，泡澡或泡腳的熱水溫度刺激，可能會導致孕婦體溫升高，而產生暈眩等不適的症狀。所以，得三令五申地要大家別泡澡了，等寶寶平安出生，再重回浴缸的懷抱吧！

好孕小叮嚀

按摩要記得避開的穴位：

- 三陰交：具有活血通經、有可能造成流產的副作用
- 河谷穴：按壓會促進催產素的分泌，可能會引發早產的風險
- 肩井穴：刺激太強容易使人休克，亦對胎兒不利
- 腎俞穴：力道溫和不宜施壓
- 承山穴：力道亦需輕巧，不可施壓

＊腹部穴位，乳頭，大腿內側：屬敏感部位，不要加以刺激按摩

按摩指導示範　玩。療癒 Kaya Wang
kayawang.massage@gmail.com

好孕實證2

徹底忌口，高齡產婦也不怕

王小姐
年齡：37歲
職業：行銷
主要調養重點：調養成可以生寶寶的體質、頭痛
懷孕情形：已生產。寶寶四個多月大，哺乳中

在一般人的認知裡，或是西醫對於懷孕年齡的界定，我和老公想要生寶寶的年紀，確實會讓大家捏把冷汗。可能會有不容易受孕的情形，也可能在懷孕期間或是生產時，比起年輕的孕婦更加辛苦，或是存在著更多的風險。這些大家刻板印象中的高齡產婦狀況，我可以很驕傲地說，在我身上一個都沒發生。

整個懷孕的過程，我沒有害喜、沒有任何不舒服，也不會大吃特吃，更不會因為挺著大肚子而行動不便，而且剛生完一個星期，我就恢復到懷孕前的體重了，跟我的同事驚天動地的懷孕過程相比，我簡直是平和得不得了。

而我所做最徹底的一件事情便是，該忌口的食物徹底忌口。我也相信，這是讓我這高齡產婦，舒適穩定地度過孕期與生產的最大功臣。

不過，說實在的，這真的是一項艱鉅的任務。首先，得理解各種食物的特性，明白哪些食物適合自己，哪些會讓身體上火或太寒等等，我和我老公確實花了點時間習慣與適應。好啦，我必須坦承，因為上班比較忙碌，我們又是幾乎餐餐外食，比較少在家裡自己下廚，實在很難按照邱老師建議每餐都有肉、有菜、有澱粉的吃法進行，不過，每天早上的雞湯，我可是有乖乖地喝喔。

雖然每次諮詢都還是會被老師唸：「優質蛋白質攝取得不夠，這樣不行。」但是，當我們開始不吃蛋以後，身體的改變，已經讓我大呼：「真是太神奇了。」

相信很多人跟我一樣，每天都要吃上一顆蛋，因為從小就被灌輸這樣的營養觀念。並且也認為，這項食材是營養百分百，對身體有益處的。不過，自從捨棄了每天早上都要吃一顆蛋的習慣後，我的精神居然變好了，而且每回MC來我都得因為劇烈頭痛而請假的問題，也完全消失了。經常性的腰痠也改善很多，我老公的過敏也逐漸好轉，甚至，我再也不必去美容院報到做臉了。**沒想到跟邱老師諮詢，還可以省下一筆不少的保養做臉費用，真是一舉數得**。

接著舉凡和蛋有關的東西，例如，麵包、蛋糕、蛋捲等等有的沒的，我都嚴格把關、絕對不吃。我會特別看麵包的營養標示，只買沒有添加蛋的吐司回家，辦公室同事們，偶爾也會切個蛋糕或買個小甜點給我吃，好慰勞我這辛苦的媽媽，但是也都被我嚴正地拒絕。雖然心裡會覺得對同事們的好意相當過意不去，不過我還是堅信要只吃對自己身體好的東西，特別是我已經這麼高齡才懷孕了，更是不能馬虎輕怠。

除了蛋之外，我百分百忌口的，還有邱老師再三叮嚀的黃豆類製品。我可以掛保證，整個孕期，我一口豆漿都沒喝。雖然認為豆漿很營養的家人，偶爾還是會好心勸說一下，希望我可以多少喝一點，說是會讓寶寶皮膚會比較白嫩，對媽媽也很滋養等等。不過，我不喝就是不喝。因為我相信邱老師的說法，黃豆類製品與我的胃火有關，會造成我身體的不適。

另外，我必須要忌口的還有魚類，這是針對我的子宮肌瘤問題，老師特別交代的。因為我如果吃太多魚的話，很有可能同時養大寶寶和肌瘤，這怎麼可以呢！當然，要堅決地拒絕魚肉。讓我原本擔心會影響懷孕的肌瘤，一直到我生產完，都沒有變大或是影響到寶寶，真的讓我安心很多。

我一時之間，突然認真忌口，有這麼多不吃的東西，也有很多過去從來沒有的飲食原則，和朋友相約聚餐時，還堅持要吃小火鍋和壽喜燒，逼著大家陪我。這麼大的改變，難免會引來朋友的關心和詢問，擔心我即便在懷孕期間，都還傻傻地惦記著減肥，大家紛紛跟我說：「不必這麼辛苦啦，我懷孕的時候還不是什麼都吃。」或是：「偶爾吃一點沒關係的。」其實，我這麼狠心拒絕那些食物，全都是為了寶寶好，況且忌口之後，我自己本身的身體狀況也跟著變好了，一點也不痛苦，當然要繼續忌口，維持下去啊。

其實一開始，我們真的沒想到光是做到忌口這件事情，就已經有這麼明顯的改變，如果真的確實遵守其他飲食建議的話，應該會有更棒的效果。

回想起懷孕過程中，除了初期還沒穩定時常見的出血問題有稍微讓人擔心之外，就是多了一顆大肚子，其他對而我言是真的一點都沒變，不論是身體或是生活上而言，都沒有任何負擔或不適。

我自己有個舒服的孕期，一對照我那個各種不舒服都一起出現的孕婦同事，真的是天壤之別。所以囉，我買了一本邱老師的《擇食》送給她。她按照邱老師的建議改變吃東西的習慣後，皮膚就不癢了，身體也因此變得敏銳，因為她只要再吃到不適合的食物，皮膚就會立刻過敏。

另外，有個朋友的寶寶有嚴重的皮膚過敏，我和她分享不吃蛋的心得，她也試著讓她的寶寶開始不吃蛋，聽說過敏狀況也改善很多。這些忌口心得，沒想到不只幫助我度過漫長的懷孕過程，也幫助了我身邊的朋友們。

對了，關於忌口，別忘了還有坐月子的時候，還要堅決不碰麻油雞！

這個東方人坐月子必吃的補品，邱老師也再三告誡說，一定要事先就跟家人溝通好，不吃麻油雞，因為實在太上火了。原本以為溝通會很困難，但是，因為我的家人全部都跟老師諮詢過，比較能理解食物和體質之間的關聯，婆家也很習慣我在開始諮詢後，有些東西會忌口，因此，當我說我不吃麻油雞的時候，大家都很能接受。我也特別叮嚀月子中心，在我的三餐中拿掉雞蛋、海鮮、麻油類料理等等。

還有一個讓我大呼神奇的地方，便是體重恢復的速度。我生完寶寶的一個星期後住進月子中心，當我量體重時，就已經回復到懷孕前的重量：50公斤！也就是說**在懷孕期間，我所增加的重量全部都是在寶寶身上，一點都沒有胖到自己呢**。

不過呢，邱老師還是對於我懷孕期間的體重控制很不滿意，因為整個孕期我增重了10公斤！以邱老師對於孕婦增重的要求，至多8公斤的標準來看，我真的是太超過了。每次諮詢都被邱老師大唸特唸。如果再給我一次機會的話，我應該可以達到標準，邱老師不要再唸我了啦。

我雖然最後因為擔心自己年紀大了，怕生到一半會沒力氣而選擇剖腹產，所以沒能體驗到自然產的過程。除此之外，整個懷孕的過程，我還是覺得很神奇。想想看，一個小小的寶寶，就在肚子裡一天一天長大，生出來的時候，看著小寶寶健健康康的，就會覺得懷孕生產是一件很奇妙美好的經驗。

雖然在邱老師眼裡，我真的是個不太乖的孕婦，但是雞湯我都有認真喝，也很認真忌口，我想也正是因為如此，我才有個舒適的孕期，還有一個好健康的寶寶。謝謝邱老師。

第四章

孕期後25～35週

懷孕後期的飲食，只要遵照先前的原則即可，而這階段的主要任務，就是要為生產後的泌乳提早做準備，別以為生完小孩自然就有母奶可以供應寶寶，充分的準備可是非常重要的！另外，針對許多孕婦擔心的水腫問題，這一章也會分享一些舒緩的小撇步喔！

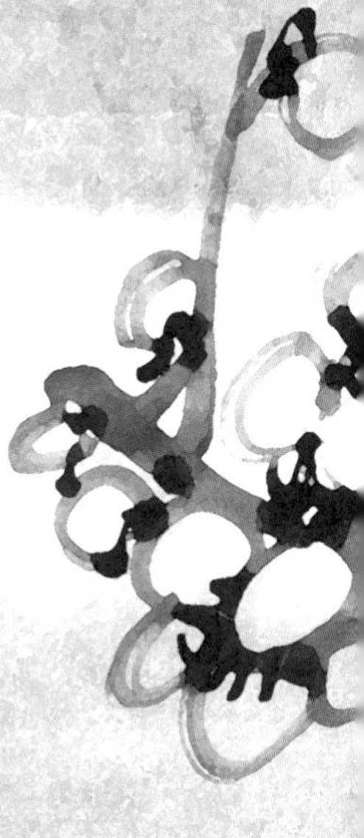

攝取充分營養，產後哺乳更順利

隨著胎兒日漸在肚子裡長大，媽媽需要的營養會跟著越來越多，因此進入懷孕後期，媽媽必須要吃得更多。除了剛剛所提到，在這個階段要為會快速長大的寶寶提供足夠營養之外，同時也要開始為產後的哺乳預先做準備了。

所以這個階段裡，優質蛋白質、膠質都需要比前一個階段再增加份量。

優質蛋白質，比起懷孕初期要增加一倍，也就是說假如原本一天要吃進5兩（約187.5克），懷孕中期增加到一天要吃足7.5兩（約281克），現在到了後期，一天的優質蛋白質攝取量，就必須增加到10兩（約375克）才足夠。

每一天攝取優質蛋白質的分配方式，同前面一樣要各自分配到三餐裡吃完。可以七點半前吃完晚餐的人，早餐的肉增加到4兩（約150克），午餐和晚餐的肉量，則是各3兩（約112.5克）。無法七點半前吃完晚餐的人，那就早餐以及午餐平均分配，各吃5兩（約187.5克）的份量。另外，如果可以，最後這幾個月，進食的肉類盡量多選擇羊肉，因為羊肉中的左旋肉鹼成分，可以增加肌肉的耐力和爆發力。這股力量，在妳生產的時候就會派上用場了，所以請認真吃羊肉吧。

在我諮詢的對象當中，部分孕婦對於吃肉這件事情，本身就不喜歡，到了現在要再增加肉量攝取的情況之下，偶爾會覺得一天要吃好多肉，對此有點吃不消。其實，只要在料理的方式上多點變化，妳就不會這麼容易感到厭煩。料理方式有很多種，首先妳可以把肉片淋上薑汁醬油直接放進小烤箱，烤好之後還會有香噴噴的肉汁可以淋在飯上，這樣的吃法相當下飯，不會讓妳覺得有負擔；當然也可以和蔬菜一起下鍋拌炒，香味四溢的菜餚會讓妳口水直流；或是把肉片涮一下燙熟再加入雞湯中，也很美味。多點巧思變化，讓自己的三餐變成一種享受，不但吃進對的食物，還吃出一番新滋味，這份愉悅的情緒肯定也能傳達到寶寶那邊，他也會跟著妳一起開心。

接下來，前幾個月為了皮膚延展性增加的膠質，其實也有助於泌乳，因此在最後的懷孕階段，膠質的補充，可以再增加至一週5次。其他的食材份量就維持原本的份量即可。

另外，最後的這段期間，對於會上火的食物要加倍嚴格禁止，因為會上火的食物，容易讓身體上火而造成肌肉緊繃，臨到生產時，會讓產道失去彈性；此外，也會讓寶寶上火而產生黃疸。所以，我要不厭其煩地再說一次，**「請遠離上火的食物」**（重點！重點！），並且控制好內火，維持好作息與情緒。妳就會有一個零黃疸的寶寶。

懷孕後期怎麼吃？

第四個月至第八個月正常情況是一個月增加1公斤，在32週之後，每個月增加1.5公斤。要認真做好體重控管，血糖比較偏高者，要特別注意澱粉攝取量的控制，注意細嚼慢嚥，若血糖超標，必要時可改用糙米跟燕麥跟白米 1：1：1 比例來代替澱粉，或是有皮膚過敏者可將白米飯煮好後先放進冰箱冷藏或冷凍一夜，讓米飯轉成抗性澱粉再食用。注意不要上肝火，不要熬夜。

輔助性補充品也可以在早中晚睡前各吃一粒檸檬酸鈣 1000 毫克；孕婦維他命及葉酸等請遵照醫師指示。

懷孕≠會水腫

相信大家一定都聽過懷孕的朋友到了後期，因為水腫而必須買大一號鞋子的故事，許多人的觀念裡也認為懷孕水腫是天經地義的事情，好像每一個孕婦都一定會水腫。但是，我在這邊要告訴大家，如果用心攝取足夠的營養素，按照建議每餐都有肉、有菜、有澱粉，再小心避開上火的食物或料理方式，其實懷孕根本就不會水腫。

而我所調養過的孕婦，也幾乎都不會為了水腫而困擾。需要買大一號的鞋子？這件事情當然也不曾發生過，所以，水腫並不是懷孕必經過程，相信我，妳可以不必經歷的。當然如果不水腫，損失也是有的，那就是少了多買兩雙鞋的藉口。不過妳難道要為了多買兩雙大了一號的鞋，而讓自己看起來臃腫不堪，甚至還要飽受水腫帶來的種種不適嗎？

如果都按照我建議的方式做了，卻還是水腫，那麼請重新回頭檢視一下自己這段期間的飲食，根據以下的幾個假設問題，請好好回想自己有沒有這些情形，如果有的話，快快改正就能改善水腫的困擾了。

檢視讓妳水腫的生活習慣：

優質蛋白質是不是吃太少了？
有沒有在下午四點以後吃葉菜類或水果？
蔬菜水果，是不是不小心吃過量了？
水份的攝取是否過量或不夠？
目前身體是否正處於上火狀態？

一般正常攝取水份的量和時間，應該是從早上起床到晚上九點以前，冬天時攝取1800 c.c.，夏天攝取2000 c.c.。晚上九點以後如果口渴，喝水的方式是，一口水含在嘴裡慢慢吞下去，過一會覺得渴再含一口水慢慢吞下去。而且正確地喝水，應該是一次2、3口慢慢喝，不是一口氣咕嚕咕嚕喝下肚。

如果已經水腫，除了重新調整吃進去的食物之外，我們也可以藉由外部的按摩來幫助減緩水腫帶來的不適。這個時候，就是妳可以請家人或老公參與懷孕過程的好時機，請他們來幫忙妳做一些簡單的按摩動作，既可以增進感情，更可以讓他們覺得自己對於肚子裡的寶寶也有照顧到、有所貢獻。

首先，請平穩地坐在床上、沙發上或是鋪了軟墊的地上，以雙手可以觸碰到腳底的狀況下，最舒服的姿勢為主。準備好了之後，可以用一點平常慣用的乳液或按摩油塗抹在手上，增加肌膚之間的潤滑。

消水腫的按摩步驟：

①先從左腳腳底開始，找到前腳掌下緣的中心點，用拇指指腹輕輕地在這裡以揉按的方式按摩，大約3～5次。（圖❶）

②接下來是腳跟內側。同樣以拇指指腹，從腳跟內側往腳趾頭

方向輕輕推揉到足弓處，再重新回到腳跟內側，往前推揉，大約3～5次。（圖❷）

③最後，從腳踝處開始，用手掌輕輕地由下往上，為小腿進行按摩。力道務必輕柔，就像是平時擦乳液般，輕輕撫觸即可。進行次數也是約3～5次。左腳按摩完後，就可以換右腳了。（圖❸）

如果妳的水腫只是暫時性的，也許只是今天站太久了，或是褲子穿太緊而造成的，等到水腫自行消失時，當然也可以藉著消水腫按摩來舒緩。不過，要提醒的是，懷孕期間的按摩力道都要非常輕柔，因為腳部有不少會影響寶寶的穴道，過度地按壓可能會造成不適，這點是和一般未受孕的人不一樣的地方，請孕婦要特別注意。

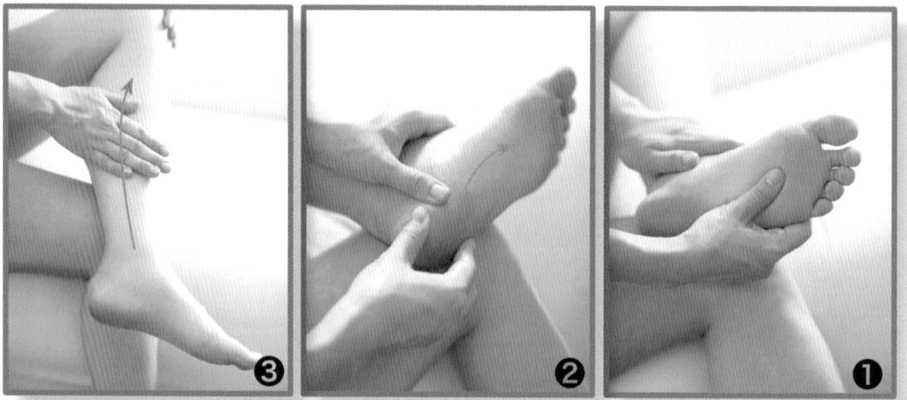

按摩指導示範　玩。療癒 Kaya Wang
kayawang.massage@gmail.com

有快樂的媽媽才有快樂的寶寶

懷孕期間媽媽除了外型上的改變，體內劇烈的賀爾蒙變化，也常常讓大著肚子的媽媽心情低落或憂鬱，而且如果沒有認真地補充鈣質的話，通常憂鬱的情形會更嚴重。鈣質具有安定神經的效果，我諮商的對象當中很多人，應該說，很多現代人都有神經過於焦慮、沒耐性或是易怒等特性，那麼補充鈣質就是很重要的課題。

其實，懷孕過程真的很不簡單，因為賀爾蒙會開始大大變化，當發現自己有嚴重的情緒變化時，請先告訴自己要放輕鬆，想想肚子裡那個完全依靠妳一點一滴成長的寶寶，如果妳不開心，肚子裡的寶寶也會快樂不起來的。當妳心情不好的時候，妳可以試著想像寶寶將來出生時的可愛模樣，妳也希望寶寶是一個愛笑的貝比吧？如果妳不常笑，寶寶就也不可能常常笑啊！這就是所謂的胎教，妳可以決定寶寶的一切，就連情緒也是一樣的，所以一定要讓自己當個開開心心的準媽媽。

我也建議懷孕中的媽媽，盡量選擇去聽一些可以讓自己感到放鬆和開心的音樂、多看充滿歡樂的電影，尤其是這幾年來幾部好萊塢動畫片如：《馬達加斯加》、《快樂腳》、《冰原歷險記》等等，這幾部動畫片的劇情都既温馨又幽默，都是舒緩心情很好的選擇。簡單的原則就是，絕對要杜絕可能引起自己感傷或者憂鬱的任何事物，相反地要多接觸讓自己心情愉快的事物。所以囉，就算妳只是孕婦身旁的伴侶，也要特別注意這點，因為孕婦的情緒很需要一個具有穩定情緒的人來照顧。

妳也可以在懷孕的最後一個月補充月見草油，它能穩定體內的賀爾蒙，相對的心情的起伏也會比較平緩，攝取的量大約是每天1000毫克，在早餐後吃就可以了。不過，服用月見草油時請注意，如果服用後明顯感覺子宮收縮較强烈或有點狀出血，就請停止服用。

好孕小叮嚀

懷孕後期的注意事項：

■即使到了產前，飲食的大原則都不會改變。唯一要改變的就是蛋白質和膠質的攝取量。所以不要吃太多誤以為會讓皮膚變好的水果，最後只會讓妳身體變寒水腫或皮膚過敏、鼻子過敏。

■學著吃羊肉。羊肉性溫，左旋肉鹼含量也最多，可以讓肌肉有耐力和爆發力，對於臨盆自然產時有很大的幫助，也是所有肉類當中我最推薦的蛋白質。

■懷孕期間妳不必因為水腫買大一號的鞋子，因為按照我的調養方式，通常是不會水腫的。但是妳可以買一雙好走有彈性的鞋，減輕對腳的負擔。

■保持心情愉悅對孕婦來說是很重要的。我們做飲食調整是避免上外火，但是內火，甚至是良好的情緒就必須靠妳自己培養。

好孕實證3

體質調好了，雙胞胎也不負擔

顏小姐
年齡：31歲
職業：科技資訊
主要調養重點：準備懷孕、乳房纖維瘤重複增生、腸胃不適、易疲勞
懷孕情形：雙胞胎，懷孕32週

其實，我真的萬萬沒有想到在邱老師的協助下，我不只更健康，還圓了生病母親希望見到我懷孕的心願，更讚的是我即將有一對可愛的雙胞胎女兒！是的，是許多人夢寐以求的雙胞胎喔！

一開始，只是希望生病的母親能夠藉著邱老師的調養方法，讓身體的狀況能更健康一點，不過在我和老公親身體驗之後，不誇張！真的可以用「恍然大悟」這四個字來形容。

過去我們習以為常的食物、飲食習慣，甚至覺得大毛病沒有、小問題一大堆的身體是很正常的狀況，畢竟身邊很多的朋友都是這

樣，也就以為大多數人都理所當然應該是這樣。

其實這些「小問題一堆」的身體狀態，都是自己一點一滴造成的，這些，根本都不是我們該去承受的——除非妳沒有好好善待自己的身體。而且，我覺得最珍貴的是，從邱老師那裡學到的方法，可以讓人有種能夠掌控自己的身體的感覺，真的很棒，是前所未有的體驗。

至於懷孕的計畫，邱老師在諮詢過程中，她特別叮嚀我們：**「調養期間不可以懷孕，要認真避孕。」**她希望我們把身體調整到最佳狀況後，再來懷孕比較適當。邱老師說的話好像有一種魔力，我想那是因為我們之前已經遵照她的方式去調整，所以現在對老師的話深信不疑。我們很認真地遵守邱老師的避孕叮嚀，當然一方面，那段時間因同時要照顧生病的媽媽，比較沒有多餘心力多想懷孕的事情。

後來，為了完成媽媽希望看到我懷孕的心願，我在完成跟邱老師的諮詢課程後，主動向醫生要求進行人工受孕。還記得當時檢查身體時，醫生說我的身體狀況很好，受孕成功機會很高，最後，我也很順利地第一次受孕就成功，這事情讓母親非常高興，也讓她放下心裡的擔憂，算是完成她老人家的一樁心願。

現在回想起來，我能夠第一次受孕就成功，得歸功於我的身體狀況還不錯，因為我後來才知道很多人其實要做好幾次才成功，甚至有人根本就沒做成功，像我這樣一次就成功的案例不多。我想邱老師的調養身體方式，絕對有很大的幫助。

得知懷孕的消息後，反而是親戚們開始擔心了，因為同時要懷著小孩，又要照顧生病的媽媽，大家怕我身體負擔不了。可是，我卻一點也不覺得懷孕是個辛苦的差事。

尤其是人家說最辛苦的懷孕前三個月，我一點不舒服的症狀也沒有，頂多就是偶爾起床時有輕微的噁心感。此外，我不會疲倦，也不會很想吃東西，也沒有嚴重的孕吐。而且當時要照顧病危的媽媽，甚至到後來處理後事，必須**經歷好一段身心俱疲的日子，我都沒有因為懷孕而感到任何的不舒服，我想真的是靠跟邱老師諮商的那半年調養身體換來的。**

回想起那半年，我跟我老公，就像是彼此的飲食督察員，更是同事間的飲食小老師。不過，一開始我們也是經歷了一陣兵慌馬亂的忌口時期啦。還記得，我們先花了兩個星期，逐一整理家中的食物櫃與冰箱，把總是常備的洋芋片、餅乾等零食，可以送人的就送人，要清掉的就清掉。還帶著邱老師清單，到量販店想採買可以吃的東西。原本以為這是項簡單任務的我們，沒想到一整排零食餅乾的櫃位，剔除掉所有不適合的成份後，完全沒有我們可以吃的。

我慌張地打電話給同樣找邱老師諮詢的好友求救，急忙地跟他說：「怎麼辦，我在量販店，不知道可以買什麼零食吃？」沒想到我的朋友說：「量販店裡面沒有一種零食是可以吃的啊。」我們這才死了心，打道回府。

回頭想想我們諮詢前自己草擬的常吃食物清單，每一項都被邱老師劃掉，而邱老師手中的食物清單也是，一個叉叉、叉一個叉叉地出現，我心裡暗自想：「糟糕，那到底還有什麼可以吃？」

愛吃水果的我，也不能再像以前那樣毫無節制地吃了，**原來多吃水果並不會像大家以為的，能讓女生變漂亮**。我還因為曾經有乳房纖維瘤、胃發炎的病史，雞肉也被列為暫時禁止的食物。

而胃不好卻超級愛吃雞的老公，也得忌口，這真的是晴天霹靂。我老公在諮詢結束要離開前，仍舊不死心地跟邱老師再三確認。但是，邱老師總是很堅定地對著我老公說：「不行，你就是暫時不能吃雞肉，除非你想要胃潰瘍。」

雖然受到很大的驚嚇，但是，我們還是認真執行。夫妻倆一起諮詢的好處就是，可以相互監督、彼此鼓勵，也比較不容易放棄。因為當其中一個人想要放棄的時候，另外一半就會給予鼓勵，提醒著這一切都是為了自己的健康著想，一定要堅持到底才行。我跟我老公就是在彼此監督之下，認真地按照邱老師的建議飲食法吃了半年。

在這個過程中，飲食習慣的改變，讓人一開始真的很不適應，但是時間久了以後，也就慢慢習慣了。我們會自己準備便當帶到公司，沒帶便當的時候，也慢慢適應了吃自助餐時把菜過水的舉動。也慢慢認識到各種食物的特性，在外用餐時比較能夠聰明判斷並選擇正確的食物。到最後，原本覺得我們這樣吃很麻煩的同事，也都紛紛仿效，因為，只要看過自助餐菜餚過水後浮在水面上那層厚厚的油，實在太驚人了，大家也開始慢慢地跟我一起這樣吃，還會來問我該吃什麼、不該吃什麼。哈哈，我現學現賣成了大家的飲食諮詢小老師。

我們還研發出更方便喝的薑汁喝法喔。因為按照邱老師的建議，早上要準備早餐，要喝薑汁、要吃益生菌等等，有時候太忙亂趕著上班，實在是沒有多一點點的時間去弄熱薑汁。於是，我們把薑汁打好煮滾放涼後，裝進差不多是一湯匙量的製冰盒，做成一個個的薑汁小冰塊。**早上起床的時候，只要將薑汁小冰塊加上寡糖，淋上熱水，冰塊融掉後的薑汁溫度，還剛剛好入口呢**。當然不能將整顆薑汁冰塊含進嘴巴裡啊，這種行為簡直是找死吧。

在這調整體質的半年期間，我的皮膚變好了，比起以前偏黃的膚色，現在看起來很有光澤，而且以前常長痘痘的我，幾乎都沒長了。腸胃部分，很容易脹氣、胃凸的我，症狀也都消失了。體重也恢復到大學時期的49公斤。

讓我最吃驚的是，過去我總是很難起床，會賴床，可是經過飲食調整後，鬧鐘響的瞬間，我就完全清醒了，我對自己這樣的改變，真的嚇一大跳，而且睡眠品質也變好很多。變化更大的是我老公。記得第一次跟邱老師見面的時候，邱老師看著我老公說：「妳的水腫狀況，簡直就像是在海裡泡了兩天。」雖然我老公因此相當受傷，不過邱老師這一句話，簡直點醒夢中人啊！因為我們過去都不知道那是水腫，只是覺得他胖胖壯壯的而已。

但是在**按照邱老師建議的飲食調理後，經過三個星期，他的體重就開始直線下墜，肚子消了，臉上的浮腫也不見了，最後他瘦了10幾公斤**。一直到現在他都會很得意地跟我說：「老婆，我的皮帶又要拿去鑽洞了。」

而我老公原本一到秋冬換季時，就會發作的冬季溼疹，在去年諮詢結束後換季時，居然連一顆疹子都沒有長出來。

沒想到全身性的皮膚過敏，可以單靠飲食就解決，真的是太驚人了。一想到他過去幾年為了溼疹所飽受的折磨，就覺得如果早幾年認識邱老師，我們肯定可以多過幾年快活的日子。

影響。

在我的懷孕過程中，還有個更深刻的體驗，也是食物對身體的

因為不能吃蒜頭這件事情，始終還是讓會做菜的老公有點礙手礙腳，所以偶爾他還是會加入蒜頭炒菜，因為比較好吃嘛。我呢，也有一兩次偷吃蝦子的紀錄，沒想到孕期諮詢的時候，邱老師馬上跟我老公說：「妳老婆都上腸火了，不要再讓她吃蝦子和蒜頭了。」原來是邱老師一看到我的下唇紅紅乾乾的，馬上就知道我們沒有忌口了，我也才知道原來那是上火的反應，不是天生的。

我們都沒有察覺，原來我們身體對於不適合自己的食物反應竟是如此敏感，而我們自己卻沒有意識到，需要別人來提醒，這點讓人非常訝異，從此，我們就更小心地吃東西，再也沒有偷吃了，真的。

懷孕過程中，邱老師最要求的就是體重控制。因為我懷的是雙胞胎，老師給我的增重標準是13公斤，現在進入到第九個月，我的體重是60公斤，我還有1公斤的額度呢。**懷孕過程中，我的身體、四肢都沒有變胖，唯一不斷成長的就是我的肚子**，雖然婦產科醫師

有點擔心我的身體太瘦，往後負擔會越來越大，但是我真的很高興，我認真吃進的養分，寶寶都跟著充分吸收了。

另外，我覺得老師很貼心的是，再次諮詢的時候，會教我生產完後該怎麼坐月子、怎麼照顧寶寶，比方說不要寶寶一哭就馬上抱等等，這對我這個新手媽媽，又是一次要帶兩個寶寶的人來說，真的幫助很大。

從開始諮商至今，原本我一年會復發一次的乳房纖維瘤，都還沒有發現異狀，雖然是對身體無害的良性瘤，但總是心頭之患。這一切真的是要感謝邱老師啊。

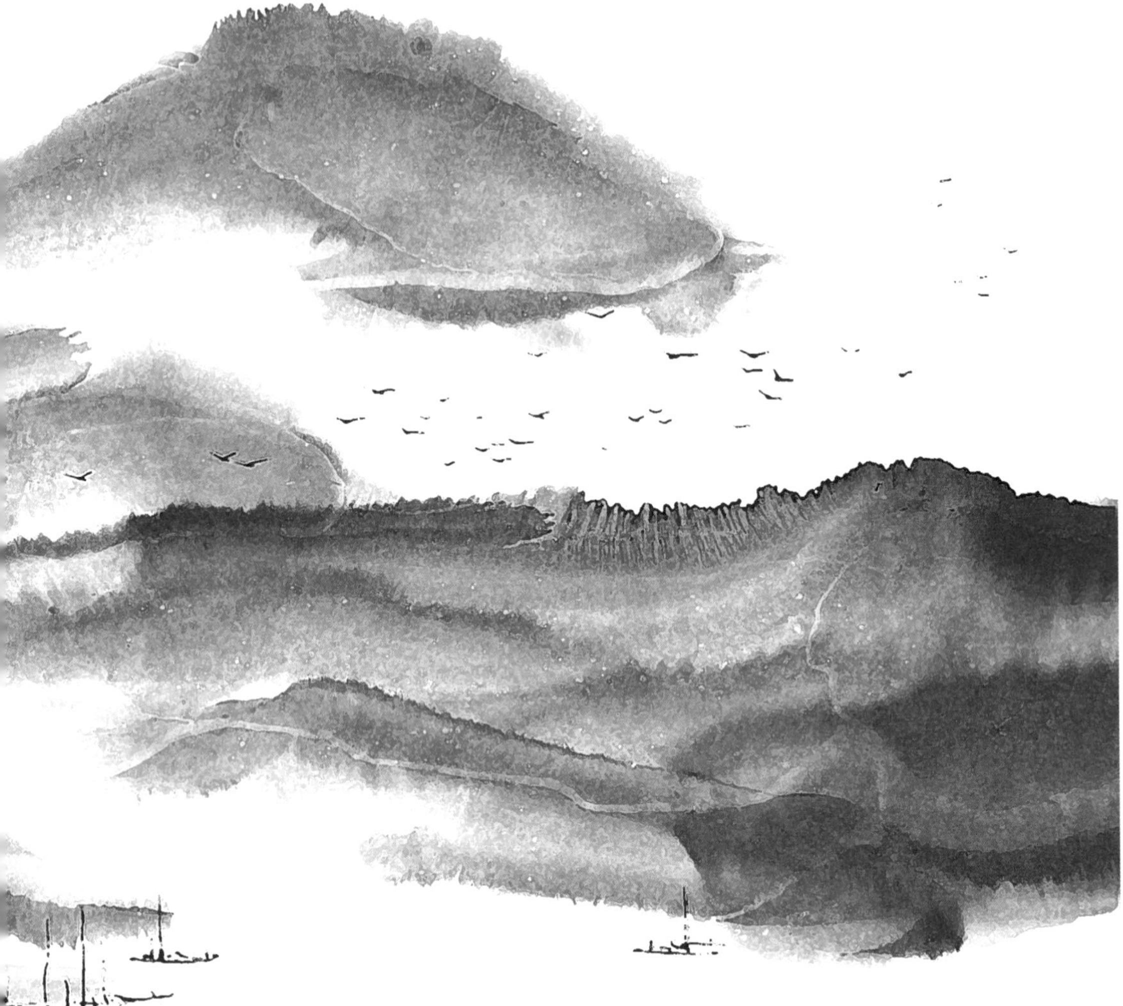

第五章

待產30天的準備

終於來到預產期前最後一個月，此時的妳是否興奮又緊張呢？此時的妳，最重要的就是放鬆心情、放鬆肌肉，愉快地等待新生命的來到。待產30天中需要注意的事項，本章都會告訴妳，再堅持一下，就要和心愛的寶寶見面囉！

準備好自己，迎接寶寶的到來

在經過了每天都有變化的懷孕時程，現在已經進入到最後一個月了，肚子裡的寶寶也準備好快要來到世上和大家見面了，那妳準備得如何了呢？

如果過去幾個月，妳增加的體重都在標準範圍內，也為了寶寶正常作息，每餐都吃得正確，那麼現在的妳，應該會是個容光煥發、精神飽滿的孕婦，而且，在妳的努力之下，即將出生的寶寶也會非常健康喔。

在這個令人開始興奮的最後倒數階段，飲食方面，只需要把每天早上的薑汁停掉、優質蛋白要增加（一整天增加一倍），膠質攝取增加為一週5次，一次半碗。也可以開始補充月見草油，早餐後

1000毫克吃一顆，有吃海豹油的先暫停。不過吃月見草油，如果出現明顯宮縮時，記得要暫停，人參類製品也都要暫停。

除此之外，並不需要特別改變，份量也不必再增加了，還是如常地每餐把握有肉、有菜、有澱粉的三大原則，不該吃的食物，繼續忌口，就可以順順利利地迎接將要和妳第一次見到面的寶寶。此時妳要hold住，千萬不要鬆懈而忘記妳吃進去的每一口食物，都對寶寶有直接而不可抗拒的影響喔。

哺乳暖身運動，預備起！

在飲食方面不必額外費心的最後一個月裡，有一個重要的工作，請準媽媽們千萬不能偷懶，那就是胸部按摩。

這個階段的胸部按摩，不光只是為了避免媽媽自己產生難看的妊娠紋而已，這是要做更深層、可以疏通乳腺的按摩。妳可以想像成是在提早提醒乳腺，為將來的哺乳做好暖身。身體會聽得懂妳的提醒，也會提前先「暖機」，所以不要覺得自己提前做這些是否會白做工，一點都不會！妳要相信自己的身體機能。

按摩的步驟其實不難，重要的是要持之以恆地每天進行，因為現在不開始按摩，往後等寶寶出生要哺乳時，會較容易出現乳腺阻塞、出奶不順的問題。大家應該都有聽過某些孕婦分享慘痛哺乳經驗的故事，有一些沒有提前做好準備的媽媽，光是為了哺乳就受盡折磨與痛苦，讓一些尚未哺乳的準媽媽簡直就是「挫勒等」。但是其實妳根本不用害怕，只要現在開始為自己多做一些準備和預防措施，就絕對可以當一個乳汁充沛的快樂哺乳媽媽。

關於這點，其實我聽很多人說過，她覺得沒能餵哺自己的寶寶母乳，感到相當對不起孩子，甚至有些人為了這事情相當自責。但是，其實妳絕對可以避免這樣的事情發生，只要妳做好並做對了準備。

做胸部按摩的時間最好是在睡前或是洗澡後進行，選在一天之中最放鬆的時段，不如也當作是好好疼愛自己的一個小活動吧。媽媽此時常會把全部的心力都放在孩子身上，但提醒妳還是別忘了和自己的身體相處，感受自己身體的變化也是一種樂趣，不妨好好享受這生產前僅存的個人時光吧！

按摩時可用孕婦專用的按摩油，開始按摩前，先以熱毛巾熱敷胸部15分鐘。接著，用一隻手托住一側胸部，另一隻手的手指併攏，從胸部的外圍開始，以乳頭為圓心，由外往內，一圈一圈地毯式地按壓，按壓到乳頭周圍時，請回到乳房的最外圍，再一次以按壓的方式按摩胸部，一邊按壓一邊檢查是否有小硬塊。每側乳房，每天都需要來回按壓3～5次喔。一側的胸部按摩完畢後，就換另外一側，重複同樣的動作。不過如果在按摩的過程有發現明顯的宮縮時就要停止（表示可能力道過大）。

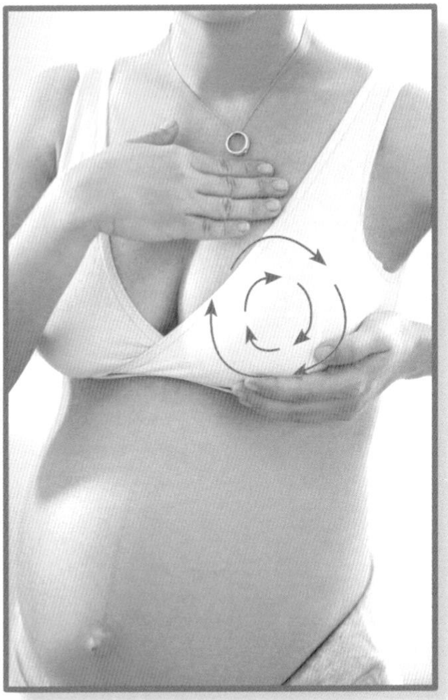

如果在按壓過程中發現了小硬塊，這很有可能是乳腺阻塞，可別置之不理或不以為意。在發現硬塊的地方，持續按壓推揉，慢慢地這些硬塊就會變軟，最後消失。另外一種方式是，妳也可以把小硬塊捏起來，輕輕搓揉，也可以慢慢地將硬塊揉散。一開始按到硬塊的時候，會比較痛，但是妳更不能因此就放棄或是跳過這個小硬塊，要是不及時處理，將來所引發的麻煩就不是現在這種小痛可以比擬的了。

我真的要不厭其煩地叮嚀妳們，每天兩個乳房至少都要做一次這樣的按摩才可以，一定一定要喔。

用舒緩按摩疼愛自己

懷孕的媽媽們，挺著一個大大的肚子，背部與腰部承受的壓力都比一般人大，難免會有肌肉緊繃的狀況，除了坐臥時增加腰部的支撐外，以下幾個簡單的舒緩按摩，也對於放鬆背部與腰部肌肉很有幫助。

一般來說，當妳要開始進行按摩時，最好都是先用雙手放置在即將被按摩的區域，用掌心的溫度來告知妳的身體，「要開始按摩囉」。要結束按摩時，也建議再次將掌心搓熱，放在剛剛按摩過的部位上，藉著雙手掌心的溫度來傳遞消息，作為開始與結束的信號。

螺旋往上舒緩

以雙手四指指腹分別於尾椎左右兩側，以螺旋畫圈的方式，緩慢地按摩至腰背，重複約3～5次。

揉捏後腰

一樣利用妳的四隻手指的指腹，輕輕地揉捏後腰，能舒緩肌肉緊繃，重複約3～5次。

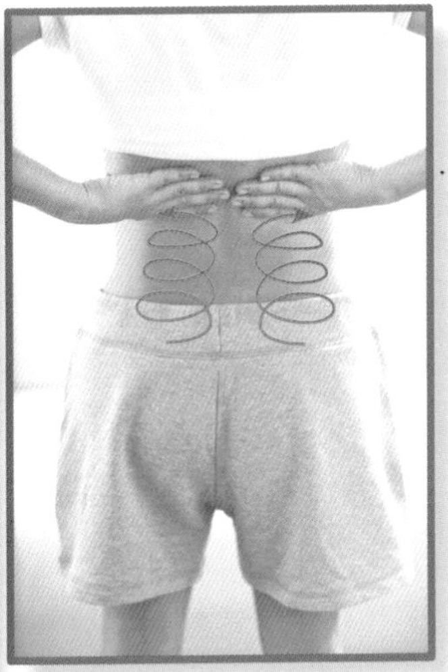

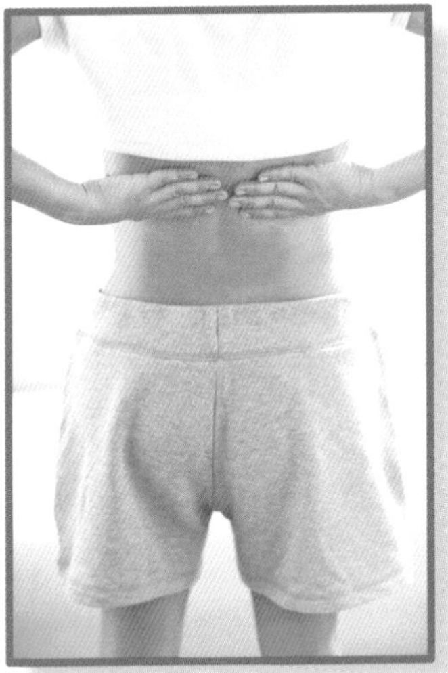

按摩指導示範　玩。療癒 Kaya Wang

kayawang.massage@gmail.com

四指滑撥尾椎

以雙手大拇指指腹，從尾椎往兩側平行滑撥，並且由下往上滑撥至後腰，重複約3～5次，可舒緩整個後腰肌肉。

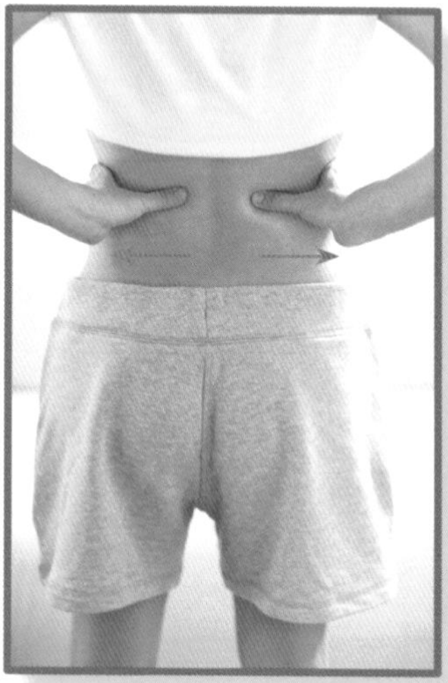

以上的舒緩按摩，自己就可以執行，按摩過程中建議使用平常慣用的身體乳液或按摩油，減少肌膚間的摩擦。同樣地，過程中如有任何不適，就該立刻停止，並尋求專業醫師的協助。

會陰按摩讓妳生產更順利

想要自然產的媽媽們，可以先準備好孕婦用的按摩油或初榨的橄欖油，在洗澡後先把手洗乾淨、指甲剪平。一腳跨在椅子上，單手扶好椅背，先用食指沾上按摩油，塗抹在產道的外緣以及會陰部（「會陰」指的就是陰道口跟肛門口中間這段），並用輕輕繞圈的方式按摩產道口及會陰，特別注意按摩時的力道，若感覺有明顯的宮縮要立即停止，記住力道要輕柔。用畫圈圈的方式，直到感覺其變柔軟。

接下來大拇指跟食指沾好按摩油，然後用食指輕輕地、淺淺地探入產道口，由內側跟外緣（大拇指食指配合）一起做圓周狀輕柔的按摩，將產道口輕輕的按摩一遍，接下來再深入，用食指按摩產道的內壁、大拇指按摩會陰，按摩直到內壁跟會陰都變得柔軟，記得手指的清潔跟消毒都非常重要喔！

從37週開始，每天洗完澡做一次這樣的產道按摩；到38週開始整個按摩完之後，可再深入一點，讓整個食指加中指慢慢深入，在產道內壁慢慢轉動畫圓，輕輕地按摩，過程中都要塗按摩油。按摩到第四天時，手指伸入增加為3根，用畫圓方式按摩內壁至其變柔軟，同時也可以使產道容易擴張、變薄，幫助妳生產時更加順利。

寶寶來敲門：落紅與收縮

通常產婦越接近生產的時間，情緒就會越焦慮緊張，尤其是第一次懷孕的人，這些緊張多半來自於，不知道如何判斷什麼狀況是即將要生產，或者是究竟什麼時候該到醫院去？

要想分辨這些問題的適當時間點，我們會獲得的第一個訊息，就是——落紅。

當妳發現自己落紅時，不論妳人在哪裡，第一件事情就是告訴自己不要慌張，因為正常情況下，離真正生產的時刻，其實還有很多時間。很多孕婦都是自己嚇自己，慌張得要命，結果只是讓自己像個無頭蒼蠅一樣，無濟於事。

這時候，妳要做的事情就是先讓自己盡量放輕鬆，並且帶著喜悅的心情，因為即將就要和妳期待已久的寶寶見面了，等了好幾個月的孩子終於要來到這個世上了。除了通知家人與陪產人之外，如果落紅發生在白天且在家的話，妳可以先進行任何妳覺得舒服的活動，如在家裡到處走動晃晃，讓自己先安定下來，聽聽舒緩的音樂，慢慢地深呼吸。同時妳可以開始從容地將要去醫院生產後需要使用到的各種東西都先準備好，例如：換洗衣物、個人用品、寶寶用品、產墊……等等，一樣一樣地慢慢打包裝袋。打包這些用品時，記得多帶一個枕頭或靠墊，因為到了醫院後，這些枕頭不論是側躺時放在腰側，平躺時放在肩膀後，或是膝蓋下，都有助於改變身體的重心，不會讓所有的重量都集中在腰椎，會讓妳舒服很多。如果是正在上班中的孕婦也別擔心，這些東西可以請家人幫忙打理，或是事先整理打包好，此時的妳呢，只要維持正常的日常作息，並且進行深呼吸、舒緩情緒即可。

到了晚上，儘管難以控制緊張的心情，但還是請妳試著上床睡覺，如果真的睡不著也要閉目養神，妳可以請老公在旁邊透過輕柔撫觸來放鬆心情。這些輕柔的撫觸如果方法正確，也可以達到讓妳放鬆的效果。建議老公從手背開始，由下往上的輕輕撫摸，直到肩膀，反覆地輕柔撫觸，保證可以讓妳的情緒平穩下來。當然囉，老公的情緒也要是相對平穩的，因為這些都會影響並感染給孕婦。

保持心情放鬆、如常作息之餘，真正要留意的是第一次收縮的時間，並且要確實地記錄下來，然後繼續留意第二次收縮時間。這中間可能相隔幾十分鐘，也可能間隔幾個小時，每個人的狀況不盡相同。是的，沒錯，當收縮開始，代表著妳離生產又更靠近一些了。這時候，妳可以開始去洗澡、洗頭，讓自己乾乾淨淨、舒舒服服地進產房，或是到附近公園散散步，或是就在家裡四處走一走也都很好。

當妳記錄下來的收縮間隔，已經縮短到每5～6分鐘就發生一次的時候，恭喜妳！這就是妳真的要請家人或陪產員，和妳一起到醫院待產的時候了。

選擇自然生產最好

我最建議的生產方式是自然產，目前台灣已在爭取溫柔生產的生產權，有興趣的媽媽可上網搜尋溫柔生產的醫師或醫療院所。如果懷孕過程狀況都非常良好，就可尋找有良好經驗的助產士，採取居家生產的方式來生產。

想做溫柔生產的產婦，生產前先尋找適當的陪產員，並做好生產計畫書，陪產員最好具備沉著、冷靜、遇事不慌張、不怕見血的特質，同時也願意花時間學習陪產技巧。

至於生產計劃書需要注意什麼事項呢？以下幾點提供媽媽們

參考：(1)要求護理人員盡量不做非必要性的指檢，且做指檢之前要告知產婦並獲取產婦同意。(2)不剃陰毛，不剪會陰，不灌腸。(3)不打點滴（因為這樣會被限制活動）。(4)盡量不採取無痛分娩的方式。(5)生產過程中，請所有產房內人員注意盡量避免使用讓產婦緊張的字詞，可用「收縮」來代替「陣痛」，用「努力」來代替「加油」。(6)嬰兒出生後，除非特殊狀況，不要立刻剪斷臍帶，也不要立刻做嬰兒清理，先讓嬰兒趴在母親身上並用毛巾蓋住防止失溫，一段時間之後再進行剪斷臍帶（直到臍帶脈動停止時再剪）以及嬰兒清理的動作。

陪產人請多鼓勵孕婦「放輕鬆～」

一到達醫院時，記得要請陪產人先前去與護士溝通，每當要做產道指檢時，請預先告知，以免突如其來的檢查，讓產婦受到驚嚇。可以的話，多跟醫院要幾顆枕頭，自己帶來的枕頭也可以在此時派上用場了，看是要放在腰側、膝蓋或肩膀後都好，以讓孕婦舒服的位置為主，因為等到生產需要用力時，身體承受的重量也能藉著這些枕頭對身體支撐，平均分散力道，不會集中在腰部或臀部，造成產後的痠痛。其實離真正的生產時刻，還有一段時間，現在，特別需要妳與其他家人的冷靜。因為當妳面對越來越頻繁的收縮時，身體的自然反應，會是疼痛的負面感覺，這時候腦海裡千萬不要想著要對抗它，雖然對身體來說是疼痛，但是妳必須告訴自己，這是迎接寶寶必經的收縮過程，是為了誕生的喜悅所做的準備。

此時，也請陪產人守候在床邊，握著產婦的手，因為每當收縮開始時，便能第一時間發現。這時，請告訴產婦，想像自己身體輕飄飄地浮在水面上，而這些一次又一次的收縮，就像是一波一波的海浪，只是經過妳的身體，通過了，就沒事了，況且每一次的收縮，與美好的寶寶相見的時刻就又更近了。更不要忘記，生產是女人身體天賦的能力，聽從身體的本能，妳絕對可以順利生產。

一旁的陪產家人，也有重要的任務，切記不要出現任何激勵的字眼，例如：「加油」、「用力」等等，雖然這些字詞非常積極、正面，但是，此時此刻，產婦最需要的是放鬆與喜悅的心情。更重要的是，更不要說出「陣痛」這兩個字。因為刺激性的字眼會讓已經情緒緊張的產婦更加緊繃，而只要情緒一緊繃，微血管就會收縮，肌肉也會跟著緊繃，緊繃的肌肉可能讓產道打開的過程更困難，或需要更多的時間，也較可能在產道口產生撕裂傷。

因此，在一旁陪伴的家人或朋友，請改口說：「再努力一下，為了寶寶，放輕鬆。」產婦的情緒越放鬆，肌肉就越會跟著放鬆，整個生產的過程就越順利。大家必須要明白，生產是女人的天賦，收縮只是一個讓寶寶順產的過程而已。

所以這段時間，務必要讓腦子裡所接受到的訊息都是，要放鬆，這些過程都是為了讓寶寶順利地滑出產道，來和親愛的爸爸媽媽相見。

如果是老公參與生產過程，為了夫妻之後的幸福著想，強烈建議先生站在產婦的頭部方向，畢竟生產過程畫面還是相當地寫實，站在床頭位置握住太太的手給予支持，一起等待寶寶的到來就好囉。

用溫柔的深呼吸，迎接寶寶的到來

隨著收縮的間隔越來越短，身體更需要放鬆，更需要柔軟。而且很多產婦在面臨間隔越來越短的收縮時，會不自覺地憋氣，不論是自己或陪產人，都要記得提醒產婦不要憋氣，要記得呼吸，而且是慢慢地吸～吐～吸～吐。

所以，請調整自己的呼吸成為溫柔的深呼吸，每一次吸吐都增加一點時間，想像著吸進身體裡的空氣，每一口都讓妳的身體更放鬆。一個吸氣，肩膀放鬆了；吐氣，再一個吸氣，胸口放鬆了。慢慢地呼吸，讓身體的每一吋肌肉都變得輕鬆柔軟，這時候妳會發現，寶寶其實也會跟著妳的呼吸律動，這個深長且溫柔的呼吸，寶寶可以百分百感受到，也會成為生產時，推送寶寶出生的能量。生產過程是迎接新生命的饗宴，是充滿快樂的Party，並不是充滿痛苦的戰鬥喔。

有個小方法，也對於呼吸很有幫助，在這裡提供給大家。可以請陪產人在妳的耳邊輕輕地唸著以下的內容：

呼吸，因爲妳對寶寶的愛

呼吸，這個愛的能量，寶寶也感受得到

讓妳的產道柔軟而通暢，讓寶寶的頭帶領著他的身體

爲了寶寶，打開妳的產道，輕輕柔柔地推動
幫助寶寶，往下滑出產道，讓產道口像百合花一樣地綻放
溫柔地、柔軟地呼吸
因爲妳對寶寶的愛，寶寶會輕鬆順利地滑下來
讓我們欣喜地歡迎他來到這個世界

或者，可以事先錄在手機或隨身聽裡，在臨盆前用耳機反覆聆聽，搭配深長的呼吸，會有很大的幫助喔。生產的過程充滿許多未知數，很多有生產經驗的媽媽都會說，寶寶有自己的方式來到這個世界上，許多選擇自然產的媽媽，也是常發生不得不剖腹的狀況，所以面對各種狀況，都要告訴自己要放鬆，不要緊張，因為此時此刻，妳和寶寶仍舊是緊緊相連的，妳的任何起伏，寶寶都跟妳感同身受。

也因此，我也想建議產婦，如果能夠忍耐得住，可以按照我的建議冥想、放鬆來度過每一次的收縮，非必要就盡量不要打無痛分娩針，能不打就不要打，讓寶寶在完全自然的情形下來到這個世界上，一切會更加美好喔！

要特別提醒的是，如果是剖腹生產，產後不建議使用嗎啡等止痛劑來減輕傷口疼痛；而產完尿管拔除要下床解尿時，陪伴者也要特別注意協助產婦下床的正確方式，可以先讓她轉成側躺，然後慢慢坐起，之後雙腳垂下先穿好鞋，由照料者一人單邊或兩人雙邊架起產婦，支撐她的重量再慢慢走動，剛生產完的媽媽，記得不要用自己的力量撐站起來，否則牽動傷口是會引起疼痛的。

好孕小叮嚀

生產前妳要知道的事：

■在生產前不要自己嚇自己，不要一落紅或是開始有陣痛感就驚慌失措。事前多瞭解生產的過程，妳會發現離真正生產的時間其實還很多。

■產房不是妳的戰場，而是妳迎接寶寶來到這個世界的溫床。所以請盡量用放鬆的肌肉和愉悅的心情去迎接他，不要去對抗身體的反應，這一切的過程都很美好。

■其實，如果懷孕過程中，身體調理得好，生產的出血量其實就跟一次月經血量差不多喔。

■妳可以自主地選擇陪產人。建議是選擇平常情緒平穩，面對突發狀況有應變能力的人，這樣的人陪在妳身邊，才能夠協助妳穩定情緒。

好孕實證4

媽媽健康，寶寶就有好體質

蔡旻紋
年齡：32歲
職業：自由業
主要調養重點：生小孩、手腳冰冷、腸胃問題
懷孕情形：已經有一個1歲多的寶寶，第2胎剛懷上

認識邱老師多少年，我就喝了多久的雞湯。現在已經有了第2胎的我，還是常常開玩笑說，我的寶寶都是喝雞湯長大的，包括現在已經1歲多的老大，和肚子裡的第2胎。

因為從懷孕前就開始每天喝雞湯，懷孕期間更是如此，從坐月子開始到後來的哺乳期間，已經三、四年了，我從來沒間斷喝雞湯，而且我發現我的寶寶也非常喜歡雞湯的味道。要不是邱老師有特別叮嚀說，小孩還太小，內臟都還在發育，雞湯中的藥材對小孩來說負擔太大，否則我還真想也用雞湯來幫我的小孩體質打底，因為我因喝雞湯獲得極大的轉變。

其實，要說邱老師的飲食建議對我有什麼幫助，不如看看我的小孩。他的外型比起其他的寶寶，常被人說太瘦了，可是，他的身體非常結實，肉摸起來Q彈Q彈，不像有些小孩軟泡泡的。而且他的活動力、精力也都非常好，也沒有任何的過敏反應。我很肯定他擁有一個非常好的體質。

一開始我也跟大家一樣，覺得邱老師的觀念，簡直顛覆了所有營養師的看法，也和過去大家認為的營養攝取概念很不相同，有點不太習慣。不過按照邱老師的方法開始調整之後，我的手腳冰冷就已經完全消失了，雖然我承認我大概只有做到5、6成，但是身體已經產生了變化，而且是好的改變。

懷孕的過程中，為了肚子裡的寶寶，我比平常更嚴格忌口，並且遵照邱老師的建議吃東西，雖然偶爾還是會有凸槌的時候，比方說，還是會有和朋友親人的聚會，偶爾還是會嘴饞等等。不過，**整個孕期，我真的一點狀況都沒有，各種聽說懷孕初期會出現的不適症狀，完全都沒有**，非常平順，比起朋友們懷孕時，孕吐、嗜睡什麼都來的狀況，讓我自己覺得有點像是異類，好像她們才是正常的孕婦，而我是不正常的。當然，這是玩笑話啦，**平順的孕期才是正**

確的，誰說孕婦一定要活受罪呢？

我懷孕期間總共增重了8.7公斤，寶寶出生時是2960克。比起邱老師嚴格規定整個孕期只能增重8公斤多了近1公斤，我身上這多出來的0.7公斤，是因為我貪嘴吃冰淇淋所長出來的，也是被邱老師碎唸到不行的壞習慣。我其實也不知道為什麼，懷孕中後期，就是會想到就偷偷去吃一下，結果因為冰淇淋的糖分很高，再加上我常用饅頭代替白飯的結果，讓我當時被醫生警告血糖過高，要我自己克制。大家可千萬不要學我，因為不聽話的下場就是馬上反映在身體上，況且吃冰本來就對我們女生很不好，更遑論是正在懷胎中的孕婦了。

我覺得按照邱老師的建議吃東西，還有一個好處就是，身材恢復得很快。我自己的經驗是，**一生產完，進到坐月子中心的時候，我的體重就已經回復到懷孕前的標準了。可見，所有補充的營養，真的都是進入到寶寶身上。**

而坐月子的時候，我拒絕了所有的麻油料理，雖然我的媽媽偶爾還是會唸一下，可是我不吃就是不吃，煮來也是浪費，大家也就順了我的意了。我還大喝特喝邱老師的月子湯，坦白說，真的非常好喝。而且月子湯中的花生豬腳湯，發奶效果超強的，讓我的奶水量非常充足，只是，我因為沒有乖乖地執行胸部按摩，以至於乳腺阻塞的情形有點嚴重。好吧，我承認我是個不大聽話的人，不過我都有嚐到可怕的後果，當作給各位一個借鏡吧。

還記得當初老師特別教我胸部按摩的方法，叮嚀我一定要在最後一個月好好按摩胸部。可是啊，偏偏我被懶惰打敗，懷孕總是想要能休息就休息嘛，會想說等小孩一出生，肯定會忙到天翻地覆的，只想好好把握這最後的一個人的時光，同時我自己也覺得說：「怎麼可能，我一定不會有奶的，既然沒奶，當然就不會有塞奶的問題囉。」結果，我果然乳腺阻塞得很嚴重，這時候跟邱老師說再多的「早知道」也都是枉然，我只好忍痛地盡快處理。乳腺阻塞的痛真的好難受，不誇張，整個胸部跟石頭一樣硬，真的會讓妳痛到呼天搶地，所以囉，千萬要乖乖地做胸部按摩，別發懶，不然妳肯定跟我一樣後悔莫及的！

另外一個，讓我這個當媽媽的很欣慰的一點是，我的小孩基本上沒有喝夜奶的習慣。記得剛從坐月子中心回到家裡的時候，寶寶只有因為轉換環境，晚上會醒來哭鬧一下子，但是過了一個星期，就一覺到天亮了，雖然我還是得半夜起床擠奶，不過，寶寶能一夜好眠，我也覺得非常欣慰。這也印證了邱老師對於孕婦作息時間的要求有其道理。果然媽媽作息規律，寶寶也就能一夜好眠呢。

關於餵母奶，聽從邱老師的建議，我餵母奶餵了將近一年，斷奶後驚喜地發現，**大部分產婦所擔心的產後胸部萎縮下垂的狀況，在我身上完全沒有發生，甚至胸型更美更豐滿**。斷奶後初期，我的胸部罩杯比懷孕前還大了一個cup，後來才又慢慢地小了半個cup回去，但我的體重卻也比懷孕前瘦了2公斤。詢問邱老師的結果，老師說可能是因為斷奶後，我的優質蛋白質快速減回懷孕前的攝取量，等於每天減掉了一半的蛋白質攝取，所以胸部才會小了半個cup。既然如此，現在懷第2胎時，這就是我要再重新努力的目標，讓我的身材每懷胎一次就比之前更加完美。

目前，我也已經開始嚴格地針對我日常的飲食忌口了，我也相信多年以來我的體質調整，已經到了一個最佳狀態，我也非常確定我能再擁有一個舒適的孕期。希望妳們也是喔！

第六章

產後一個月的調養

經過了懷胎十月的考驗，產後一定要認真調理。一般人俗稱「坐月子」，就是因為產後一個月是女性好好調養自己的身體、讓自己回到最佳狀態的黃金時期。照著邱老師的月子水配方，搭配營養美味的月子餐，保證妳產後也可以回復成窈窕又美麗的女人唷！

產後一個月的調養

當了媽媽更要好好愛自己

恭喜妳，終於「卸貨」了。

我相信，妳生出了一個健康又可愛的寶寶，現在正與他一同感受這世界的美好，而他也打從在妳肚子裡就開始感受到無限的愛。而經歷過這段生產過程，就如同經歷了人生中最美好的事情，但這同時，妳應該也累壞了吧。接下來，要開始很頻繁地照顧寶寶的日子，不過也別忘了在坐月子的時候好好照顧自己。自然產的媽媽記得月子要坐滿30天，剖腹產則要坐滿45天，除非上廁所才可以起來。如果有使用束腹帶的話，剖腹產的人注意不要壓迫到傷口，也不要束得太緊喔！

此時的妳，也需要相當的營養補給。不論妳是到月子中心，或是請月嫂到家裡來，還是由親人幫忙坐月子，請先告訴幫妳坐月子的人，**不要準備麻油類料理**。對很多長輩來說，這項要求可能太過顛覆，尤其麻油雞，總是被視為產後的滋補聖品，在很多人的觀念裡也是非吃不可。

事實上，麻油高溫製造的過程是引起上火的原因之一，料理過程中大火拌炒的方式，也是會讓身體上火的原因，因此，為了避免讓身體上火，最好在坐月子期間，不要碰麻油雞或其他麻油類料理。

我調理的許多孕婦中，經過與家人詳盡溝通後，多半都是能夠欣然接受的。而且，我也替大家準備了坐月子所需要的月子湯與月子餐，皆按照每餐都有肉、有菜、有澱粉的原則設計，月子湯中，有補氣的、發奶的，可以讓妳在坐月子期間，完全供給身體同時要恢復體力與哺乳的需求，所以，麻油雞，我們就跟它說再見吧。

產後這樣吃就對了！

如果妳剛生完很虛弱的話，前三天可喝滴雞精；狀況正常者，就可開始喝擇食月子雞湯及月子水、開始吃月子餐。自然產的人，至少等一周後開始喝薑汁；剖腹產的話，如果傷口復原狀況良好，也至少要等兩周後才能開始喝薑汁。

月見草油也是能幫助媽媽恢復健康的好東西喔！建議妳生完後就開始吃，吃到要開始退奶時停止。在產前一個月吃月見草，可以幫助調節賀爾蒙、預防產前憂鬱，同時也可以幫助產後乳汁分泌；產後吃，則能預防產後憂鬱，幫助產後賀爾蒙盡快恢復平衡、促進乳汁分泌。

月子餐則要特別注意優質蛋白的攝取量，只要有在餵母乳，肉量是正常的一倍，膠質的攝取是一周5次，瘦孕早餐的月子雞湯要認真喝，中午及晚上的發奶湯請依照本章後面的食譜食用。除了麻油不能吃以外，記得也要忌口上火食物、刺激性食物、辛香料和帶殼海鮮（甲殼類、貝殼類海鮮）。

用月子水和月子餐打造良好身體

剛剛生產完，還需要臥床休息時，如果想要清潔身體，可以請家人幫忙準備去皮老薑煮水，用這個老薑水來擦澡，既溫暖又舒服。

產後一星期，想洗澡、洗頭，也是可以的，但是大原則是，不要讓自己因為接觸冷空氣而受寒，尤其醫院或月子中心都設有空調，就算在家裡也是有機會開冷氣、吹電扇的。想要洗澡又保護身子，其實很簡單，只要在浴室裡吹乾頭髮，擦乾身體穿好衣服再出來，或者是先將頭髮洗淨吹乾，再戴上浴帽繼續洗澡，都是可以的。總之，千萬不要只包著浴巾或毛巾，濕著頭髮或身體就出來，要想辦法盡全力讓自己保持溫暖，避免所有可能受到風寒的狀態。

我也建議產婦在坐月子期間，以月子水代替一般的白開水。**當醫生說可以喝水後，請家人到中藥行幫妳採買正北耆、枸杞、紅棗，加上老薑去皮拍扁用水煮滾，就是一杯補氣又補血的月子水**。要提醒的是，紅棗要記得去籽，才不會上火。

煮好的月子水，建議用保溫瓶裝著，要是放冷了也請加熱後再喝，喝溫熱的對身體才好。因為坐月子當中，有不少湯品要攝取，很難一次喝完就放冷了，此時千萬不要懶惰就咕嚕嚕喝進身子裡，這樣對剛生產完的身體很不好。不過，其實月子水的量，大概一天1200 c.c.～1500 c.c.左右就很足夠了。

以下是月子水的配方，補氣又補血喔！提供給大家。

月子水

材料：正北耆5錢、枸杞5錢、紅棗去籽15顆，去皮老薑2大塊，水1500 c.c.。

做法：藥材洗淨備用。老薑去皮切塊拍扁，加入1500 c.c.水中煮滾。煮滾後放入藥材，轉小火續煮30分鐘即可。

坐月子期間的調養大計，還得靠月子湯和月子餐。這時候吃進身體裡的東西，必須延續過去打造溫暖體質的原則，同時也必須提供足夠的營養，好讓媽媽恢復體力與順利哺乳。因此，在原本的早餐雞湯之外，午餐以及晚餐都加入了湯品，其中幾款湯品更是針對發奶而設計，讓媽媽有足夠的奶水可以親餵寶寶。

增加在午餐、晚餐的湯品有：黨參山藥杏鮑菇雞湯、花生豬腳黑棗枸杞湯、西洋參香菇雞湯、薑絲石斑魚湯、薑絲鱸魚湯、青木瓜黑木耳南瓜湯、青木瓜皇帝豆湯，以及專為產婦顧筋骨設計的杜仲巴吉枸杞雞湯。這些湯品，皆以雞高湯、豬大骨湯或魚湯為基底，再加入其他材料燉煮，兼顧營養又美味。

為妳量身打造的月子調理餐食譜

除了月子水之外，我當然還會提供妳一些月子湯的做法，讓妳做月子的時候能吃到一些發奶又好吃的食譜，重點是，這些食譜都很簡單易上手，無論是自己做或是請家人幫忙做，都不會感到麻煩或油膩膩喔！所有的食材和做法都是為產後的妳所量身打造，妳一定要試試看，絕對會讓妳意猶未盡。

滋補又美味的月子湯讓妳奶水充沛

經過熬煮的月子湯，所有營養素的精華都融入湯中，加上添入食材的特性，可以補充月子期間媽媽所需的營養素，補充生產時大量消耗的體力，也可以增加奶水量，讓媽媽有足夠的母奶可以餵養寶寶。這些湯品都既美味又營養，不怕妳喝膩，就怕連妳的家人也搶著喝。

這10道湯品，主要以午餐與晚餐搭配的湯品為主，並選擇2款搭配早餐的基本雞湯，也是在《擇食》一書當中有提過的，一併示範。要製作這些湯品，得先準備4款基底高湯，分別是雞湯、大骨湯、鱸魚湯以及石斑魚湯。這4款基底高湯都可事先熬煮起來備用，每次要煮湯時，再取用一餐所需的量加入食材一起燉煮即可。

黨參山藥杏鮑菇雞湯

〈2餐份〉

How To Cook

基底高湯

做法

1. 雞架或豬大骨汆燙去血水。
2. 老薑去皮拍扁，放進加了11碗冷水的湯鍋中煮滾。
3. 加入雞架、雞腳，蓋上鍋蓋。以中小火煮60分鐘，熄火撈出雞架或豬大骨、與老薑即可。

材料

雞架或豬大骨1個
雞腳6隻
老薑2大塊

Tips

可請市場肉販，用槌子將豬大骨敲裂，有助於熬湯時讓營養更快融入湯中。

❶

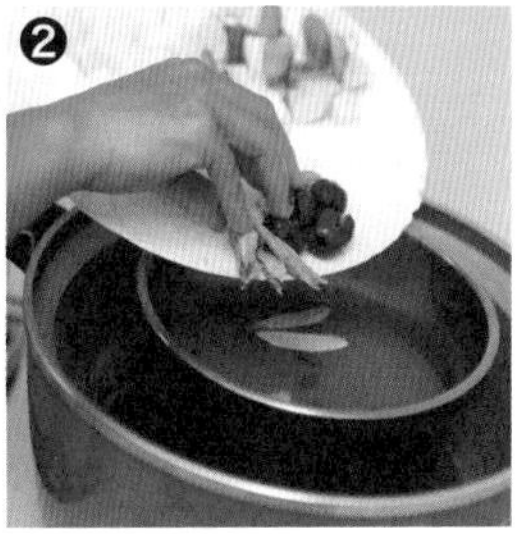

❷

湯品食材

材料

山藥12塊
杏鮑菇2小支
黨參2錢
枸杞1大把
正北耆5片
去籽紅棗7粒
2份雞高湯或大骨湯
少許鹽

做法

1. 山藥去皮切塊，杏鮑菇洗淨切塊，紅棗去籽，所有藥材洗淨備用（圖❶）。
2. 準備電鍋，外鍋加入1杯水，內鍋盛2份雞湯或大骨湯，加入食材、藥材與適量的鹽燉煮，內鍋記得加蓋。（圖❷）

花生豬腳黑棗枸杞湯

〈2餐份〉

How To Cook

材料

黑豬後腿中圈2塊
生花生1小碟
黑棗5粒
枸杞1大把
少許鹽

做法

1. 洗淨生花生泡水一個晚上。（圖❶）
2. 洗淨黑棗與枸杞，豬腳汆燙去血水。（圖❷）
3. 準備湯鍋放入豬腳黑棗、枸杞，加8碗水煮30分鐘。最後，再加入已經泡水一晚的生花生與適量鹽巴續煮60分鐘。（圖❸）

Tips

起鍋前，可先試吃花生的鬆軟程度，若花生還太硬，可再煮久一點。這道湯記得要吃豬腳皮，也要吃花生喔。

西洋參香菇雞湯

〈2餐份〉

[How To Cook]

基底高湯

做法

1. 雞架或豬大骨汆燙去血水。
2. 老薑去皮拍扁，放進加了11碗冷水的湯鍋中煮滾。
3. 加入雞架、雞腳，蓋上鍋蓋。以中小火煮60分鐘，熄火撈出雞架或豬大骨、與老薑即可。

材料

雞架或豬大骨1個
雞腳6隻
老薑2大塊

Tips

可請市場肉販，用槌子將豬大骨敲裂，有助於熬湯時讓營養更快融入湯中。

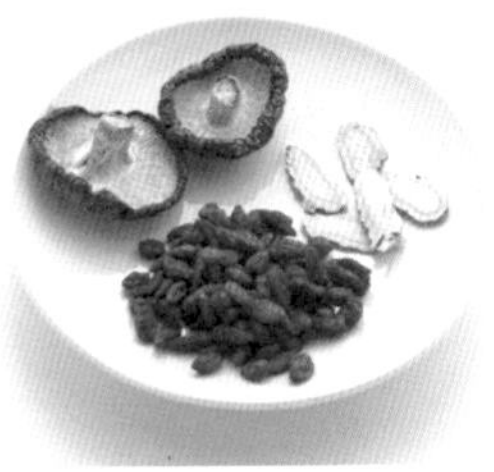

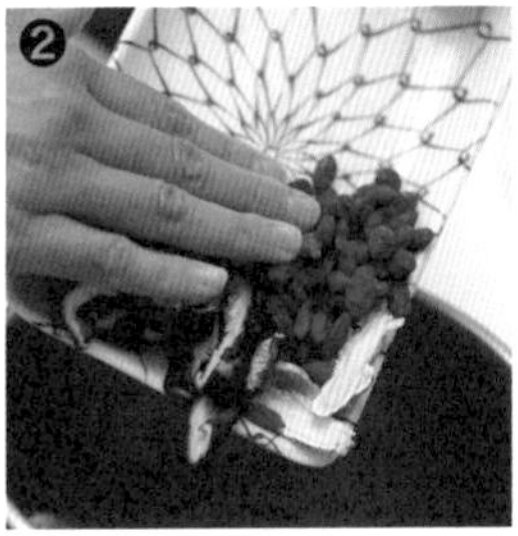

湯品食材

材料

西洋參5片
枸杞1大把
香菇2朵
雞湯或大骨湯
鹽

做法

1. 香菇洗淨，並泡發去蒂（圖❶）。
2. 準備電鍋，外鍋加入1杯水，內鍋盛2份雞湯或大骨湯，加入所有藥材與食材與適量的少許鹽燉煮，內鍋記得加蓋（圖❷）。

註：剛剖腹產完第一週時先不宜食用。

薑絲石斑魚湯

〈1餐份〉

How To Cook

基底高湯

做法

1. 石斑魚骨、石斑魚頭洗淨備用。
2. 老薑去皮拍扁，加入11碗冷水湯鍋中煮滾。
3. 加入石斑魚骨、石斑魚頭，蓋上鍋蓋，以中小火煮60分鐘，熄火撈出石斑魚骨、石斑魚頭與老薑即可。

材料

石斑魚骨
石斑魚頭
老薑2大塊

Tips

採買時可事先請魚販將整條石斑魚骨肉分離。

湯品食材

材料

石斑魚肉塊
米酒1匙
薑絲1小撮
石斑魚高湯
少許鹽

做法

盛1份石斑魚高湯至鍋中，加熱至滾。放入魚肉塊、米酒、薑絲與適量的鹽，煮至魚肉熟即可（圖示如上）。

薑絲鱸魚湯

〈1餐份〉

[How To Cook]

基底高湯

做法

1. 鱸魚骨、鱸魚頭洗淨備用。
2. 老薑去皮拍扁，放進加了11碗冷水的湯鍋中煮滾。
3. 加入鱸魚骨、鱸魚頭，蓋上鍋蓋，以中小火煮60分鐘，熄火撈出鱸魚骨、鱸魚頭與老薑。

材料

鱸魚骨
鱸魚頭
老薑2大塊

Tips

採買時可事先請魚販將整條鱸魚骨肉分離。

湯品食材

材料

鱸魚肉塊
米酒1匙
薑絲1小撮
鱸魚高湯
少許鹽

做法

盛1份鱸魚高湯加熱至滾。放入魚肉塊、米酒、薑絲與適量的鹽，煮至魚肉熟即可（圖示如上）。

青木瓜黑木耳南瓜湯

〈1餐份〉

How To Cook

基底高湯

做法

1. 雞架或豬大骨汆燙去血水。
2. 老薑去皮拍扁，放進加了11碗冷水的湯鍋中煮滾。
3. 加入雞架、雞腳，蓋上鍋蓋。以中小火煮60分鐘，熄火撈出雞架或豬大骨、與老薑即可。

材料

雞架或豬大骨1個
雞腳6隻
老薑2大塊

Tips

可請市場肉販，用槌子將豬大骨敲裂，有助於熬湯時讓營養更快融入湯中。

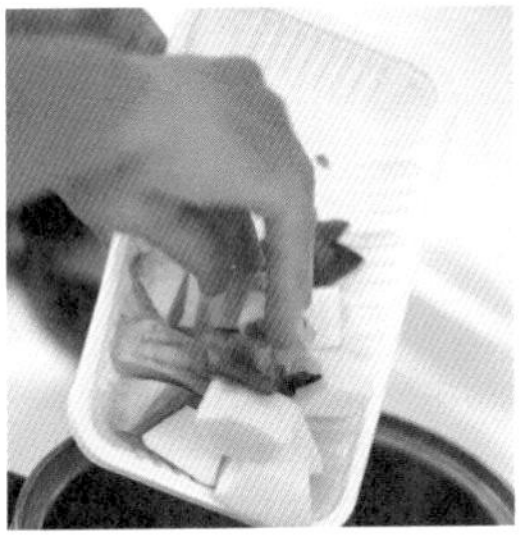

湯品食材

材料

青木瓜4塊
黑木耳40克
南瓜4塊
雞湯或大骨湯
少許鹽

做法

青木瓜去皮去籽，並切塊。黑木耳洗淨切塊，南瓜去籽切塊備用，盛1份雞湯或大骨雞湯至鍋中，加入材料與適量的鹽，將材料煮熟即可。（若有皮膚過敏者可將南瓜改成山藥或蓮藕、菱角、胡蘿蔔任選一種）

青木瓜皇帝豆湯

〈1餐份〉

How To Cook

基底高湯

做法

1. 雞架或豬大骨汆燙去血水。
2. 老薑去皮拍扁，放進加了11碗冷水的湯鍋中煮滾。
3. 加入雞架、雞腳，蓋上鍋蓋。以中小火煮60分鐘，熄火撈出雞架或豬大骨、與老薑即可。

材料

雞架或豬大骨1個
雞腳6隻
老薑2大塊

Tips

可請市場肉販，用槌子將豬大骨敲裂，有助於熬湯時讓營養更快融入湯中。

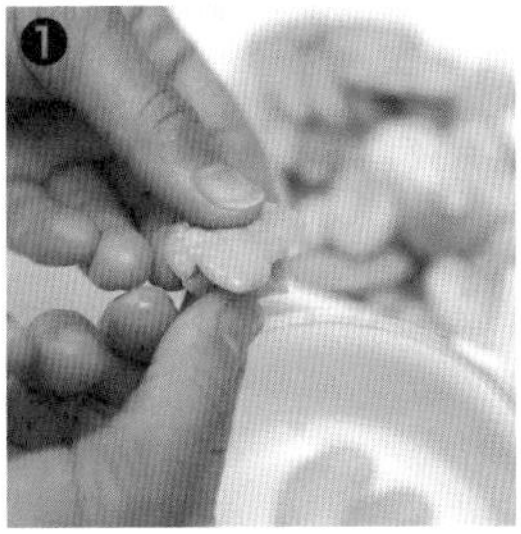

湯品食材

材料

青木瓜6塊
皇帝豆10～12顆
雞湯或大骨湯
少許鹽

做法

1. 青木瓜去皮去籽，切塊備用，皇帝豆加入滾水煮5分鐘後，撈起放涼，去皮膜（圖❶）。
2. 盛1份雞湯或大骨雞湯入鍋中，加入青木瓜塊煮熟，最後再加入皇帝豆與適量的鹽煮熟即可（圖❷）。

杜仲巴吉枸杞雞湯

〈2餐份〉

How To Cook

基底高湯

做法

1. 雞架、雞腳汆燙去血水。
2. 老薑去皮拍扁，放進加了11碗冷水的湯鍋中煮滾。
3. 加入雞架、雞腳，蓋上鍋蓋。以中小火煮60分鐘，熄火撈出雞骨架、與老薑即可。

材料

雞架或豬大骨1個
雞腳6隻
老薑2大塊

湯品食材

材料

杜仲1大片
巴吉10粒
枸杞1大把
去籽紅棗14粒
杏鮑菇2小支
木耳1片
雞湯、少許鹽

做法

1. 藥材與食材皆事先洗淨。杏鮑菇切塊、木耳切條狀。
2. 準備電鍋，外鍋加2杯水，盛2份雞湯放入內鍋，先將藥材加入燉煮。（圖❶）
3. 外鍋再加1杯水，加入所有食材與適量的鹽燉煮即可，內鍋記得加蓋。（圖❷）

制首烏補氣雞湯

〈1週7餐份〉

How To Cook

材料

雞骨架1個　雞腳6支　老薑2大塊
制首烏3大片　黃精3片　枸杞子1把　少許鹽

做法

1. 將雞骨架與雞腳汆燙去血水，所有藥材沖洗過後備用。
2. 老薑去皮拍扁，放入加入11碗水的冷水湯鍋中煮滾。加入雞骨架、雞腳與所有藥材與適量的鹽，蓋上鍋蓋，以中火煮1小時。
3. 熄火後撈出雞骨架、老薑與所有藥材。

四神茯苓雞湯

〈1週7餐份〉

[How To Cook]

材料

雞骨架1個　雞腳6支　老薑2大塊　四神湯1帖（去薏仁）
茯苓2～3片　少許鹽

做法

1. 茯苓先泡水2小時，並剝小塊備用。將雞骨架與雞腳汆燙去血水，所有藥材沖洗過後備用。
2. 老薑去皮拍扁，放入加了11碗冷水的湯鍋中煮滾。加入雞骨架、雞腳與所有藥材與適量的鹽，以中小火煮1個小時。
3. 熄火後撈出雞骨架、雞腳與老薑，藥材留下和湯一起食用。

邱老師的烹飪小秘訣

紅棗去籽便利妙方

紅棗的籽會上火，因此入菜前都先要將籽去掉。去籽其實並不困難，用料理專用剪刀，將紅棗垂直剪開，再用剪刀將籽夾出就可以了。

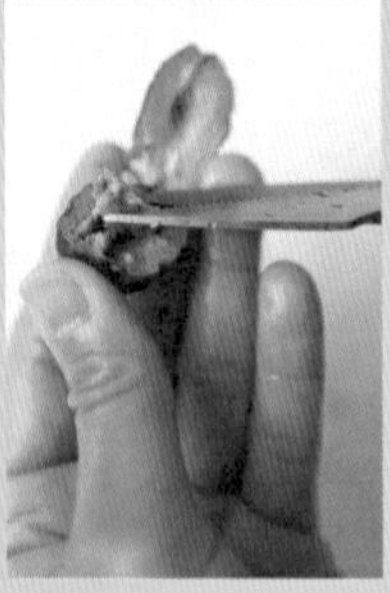

皇帝豆去皮好輕鬆

皇帝豆的皮膜可能會造成脹氣，可以的話，建議多一道去皮膜手續。只要將皇帝豆放入滾水中煮5分鐘，撈起放涼後，由中心點往外剝，皮膜就能輕鬆地去除了。

生花生好煮撇步

買回來的生花生可以先冰在冷凍庫中，冷凍庫的低溫，會讓花生的分子被破壞，要烹調時會比較好煮。另外，選購生花生時，花生表皮顏色淺的比較好，代表是最新採收的花生，表皮顏色過深者，千萬不要買，因為若是店家保存不好，會產生黃麴毒素。

老薑數量拿捏法

如果妳在拿捏老薑的用量上有疑慮的話，有個好方法，可以比照辦理。只需要把妳的四隻手指頭彎曲，彎曲後的長寬，就可以當作是一大塊老薑的量了。

判斷杜仲的品質

品質良好的杜仲，在折彎斷裂時，中間會有白色透明，類似薄膜狀的東西產生，不放心品質的話，可以自己測試一下。

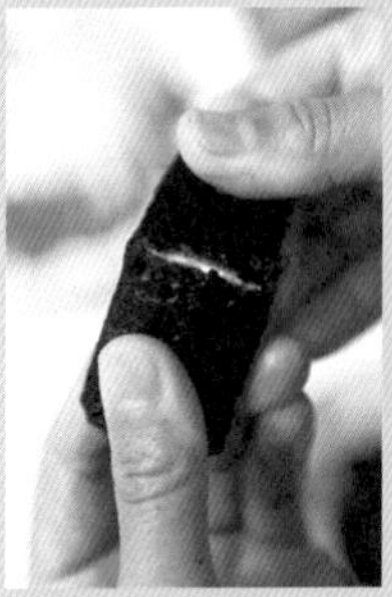

調養餐也要把握擇食原則

月子調理餐當中規劃的菜色，也遵照了有肉、有菜、有澱粉的原則，設計了各種不同的菜色，有最簡單的炒肉片，美味的燉肉、燒肉，還有肉燥，選擇用植物油料理，把握溫鍋冷油的原則即可。肉類的選擇，羊肉優於豬肉，豬肉又優於雞肉，雞肉又好過海鮮，把握這個原則挑選變換即可。至於澱粉呢，妳可以選擇包括，白飯、白麵條、烏龍麵（沒有脹氣、皮膚過敏、嚴重缺鈣或貧血的人也可適量食用五穀雜糧飯或全麥、蕎麥麵條）等等，量以每餐八分飽為主。

這些菜色當中，除了料理過程中以鹽巴、清醬油調味之外，妳也可以準備些許的薑汁醬油來調味，這款調味醬汁，可以說是萬用醬汁，不只燉肉、燒肉可以使用，要拿來炒菜，也很美味，而且既符合食物攝取的原則，又可以增加風味，另外蠔油、香菇素蠔油、西式香料也可以適量用來調味喔！薑汁醬油的製作方式如下面box說明囉。

自製清爽萬用醬汁

很多人一開始吃不習慣我的擇食方式，會覺得口味瞬間變清淡很多，無法適應。但是有了這款不敗醬汁之後，妳就不用再擔心這個問題，因為這款醬汁吃起來清爽舒服無負擔，是很好的佐醬喔！

材料：老薑、醬油（份量可隨個人口味斟酌調整）

做法：

1 老薑去皮切塊，打成薑泥，將薑汁過濾出來。

2 加入清醬油拌一拌即可。

Tips 可以一次做多一點，冰在冰箱裡隨時取用。

接下來，就要告訴妳一些，讓妳吃得美味健康又營養的好食烹調方式，讓妳的月子餐有更多選擇，可以放心吃、吃不膩、零負擔之外，還對身體健康有益無害喔。

擇食五寶之一：肉燥❶

紅蘿蔔香菇肉燥

How To Cook

材料

紅蘿蔔半條
乾香菇3～4朵
豬絞肉75g
薑汁醬油

做法

1. 紅蘿蔔去皮切丁，香菇事先泡發，去蒂切丁。
2. 絞肉先用薑汁醬油醃入味，再放進平底鍋拌炒，表面炒熟後加入切丁紅蘿蔔與香菇丁拌炒，再加入薑汁醬油拌炒調味即可。

茭白筍西洋芹肉燥

擇食五寶之一：肉燥②

How To Cook

材料

茭白筍1支
西洋芹1/2支
豬腳肉75g
薑汁醬油

做法

茭白筍與西洋芹洗淨，刨去表皮，並切丁備用。豬絞肉先用薑汁醬油醃入味，再放入平底鍋拌炒，表面炒熟之後加入切丁的茭白筍與西洋芹，再加入薑汁醬油拌炒調味即可。

海帶馬鈴薯燉肉

擇食五寶之一：燉肉

How To Cook

材料

海帶約2個
馬鈴薯（小顆）1顆
豬肉75g
薑汁醬油

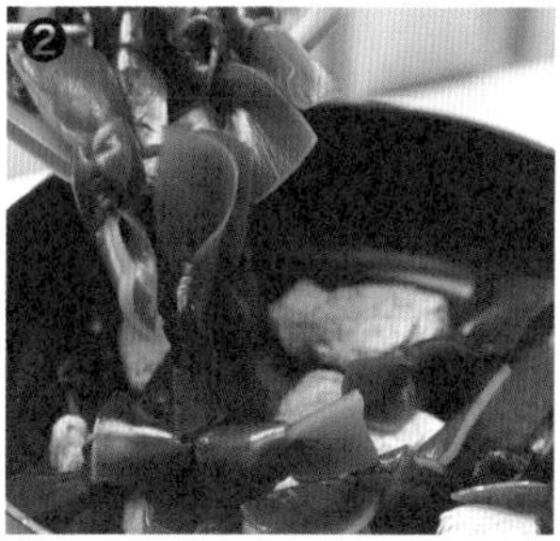

做法

1. 馬鈴薯削皮切塊，先以滾水煮至半熟，海帶洗淨備用，可依個人喜好決定是否切成小塊。豬肉切塊（不要切太厚，先以薑汁醬油醃入味），用平底鍋煎至表面熟（圖❶）。
2. 海帶與豬肉塊放入鍋中拌炒，放入薑汁醬油淹至材料一半，持續翻炒（圖❷）。
3. 最後加入半熟馬鈴薯，拌炒至全熟即可（圖❸）。

◎ 燉肉變化式：海帶洋蔥燉肉、紅蘿蔔馬鈴薯燉肉，蓮藕黑木耳燉肉（燉煮時間不超過15分鐘）。

擇食五寶之三：燒肉❶

雞腿燒肉＋綠豆芽炒紅蘿蔔

How To Cook

材料

雞腿肉75g
小支紅蘿蔔1/2條
綠豆芽1/2碗
薑汁醬油
貳號砂糖些許
米酒些許

做法

1. 紅蘿蔔去皮切絲、綠豆芽洗淨備用，雞腿肉敲薄，再切成小塊（圖❶）。
2. 薑片與雞肉下鍋，雞皮朝下兩面煎熟。再加入薑汁醬油，淹至材料一半，煮熟即可盛起。另將紅蘿蔔絲、綠豆芽下鍋炒熟，再將雞腿加入拌炒一下即可食用（圖❷）。

茭白筍豌豆莢燒肉

擇食五寶之三：燒肉❷

How To Cook

材料

茭白筍1支
碗豆莢1/2把
羊肉片75克（用薑汁醬油醃漬一下）
薑汁醬油

做法

1. 茭白筍洗淨，刨去表皮切塊、豌豆莢洗淨去蒂備用。羊肉與薑片下鍋拌炒，並加入適量米酒與薑汁醬油調味，煮熟即可盛起（圖❶）。
2. 茭白筍與豌豆莢一起下鍋拌炒，可適情況增加薑汁醬油調味，炒熟後加入炒好的羊肉片拌炒一下即可（圖❷）。

◎ 燒肉變化式：海帶菱角燒肉，花椰菜黑木耳燒肉。

洋蔥胡蘿蔔肉捲

擇食五寶之四：肉捲

How To Cook

材料

洋蔥1/2顆
胡蘿蔔1/2條
豬肉片約5片
薑汁醬油

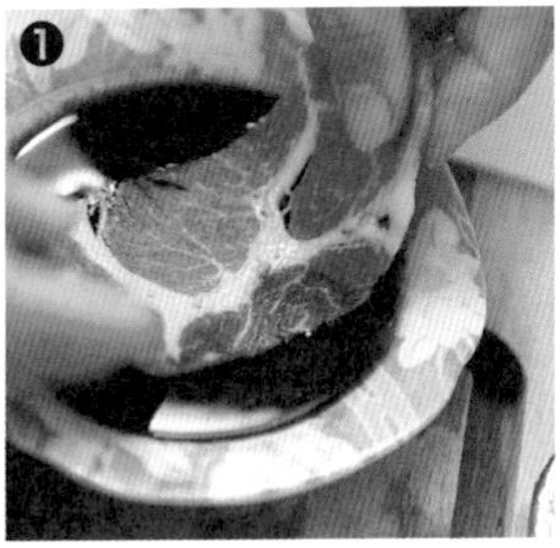

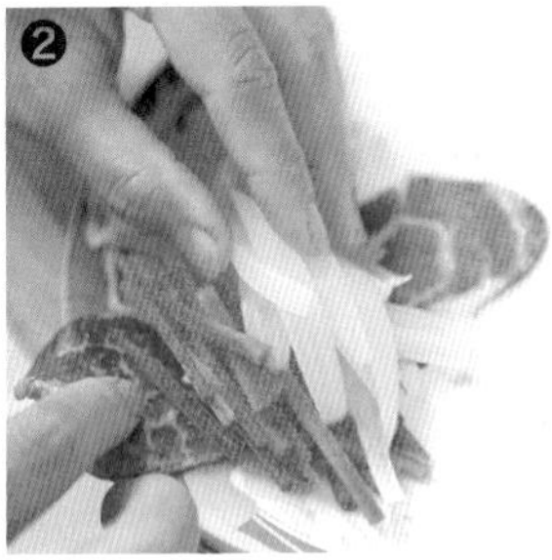

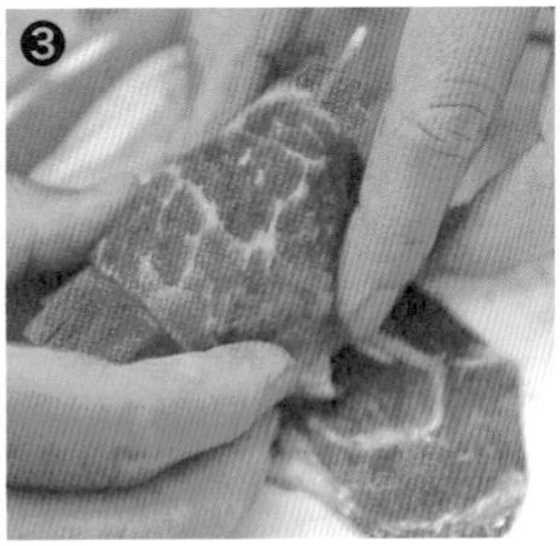

做法

1. 將洋蔥洗淨切絲，紅蘿蔔洗淨去皮切絲備用，先以植物油加少許鹽炒至半熟瀝去湯汁，將肉片沾上薑汁醬油。備料完成後，小烤箱預熱約5分鐘（圖❶）。
2. 將肉片展開，取適量洋蔥絲與紅蘿蔔絲放上肉片，輕輕地用肉片將材料捲起（圖❷）。
3. 將肉捲相互保持距離，並且將開口朝下地放在烤盤上，放進烤箱烤約5～10分鐘即可（圖❸）。

Tips

擺放肉捲時，務必保持距離，以免烤的過程中，肉捲黏在一起。妳也可更換其他蔬菜，做出不同口味的肉捲，如：茭白筍山藥肉捲。

甜豆莢木耳炒肉片

擇食五寶之五：炒肉片❶

How To Cook

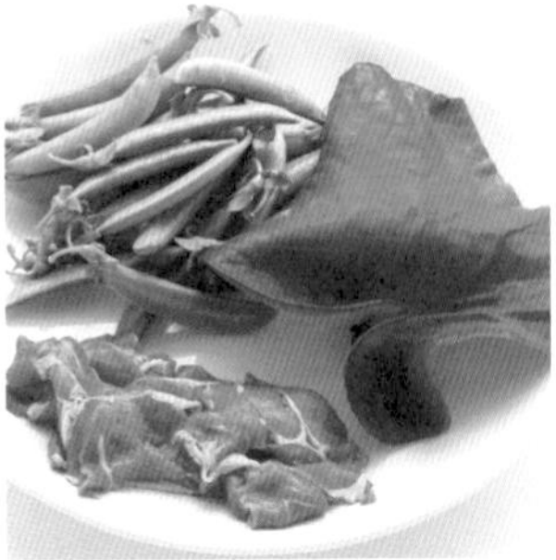

材料

甜豆莢1/2碗
木耳切好1/2碗
羊肉片75g（以薑汁醬油醃漬一下）
植物油
少許鹽

做法

1. 木耳洗淨切條狀、甜豆莢洗淨去蒂。溫鍋中倒入植物油拌炒羊肉與木耳（圖❶）。
2. 再加入甜豆莢，與些許鹽巴調味，拌炒至熟即可（圖❷）。

擇食五寶之五：炒肉片❷

西洋芹鮮香菇炒肉片

[How To Cook]

材料

西洋芹1支
鮮香菇3～4朵
豬肉片75g
植物油
少許鹽與西式香料（迷迭香、百里香等）

做法

1. 西洋芹洗淨，刨去表皮並切塊，鮮香菇洗淨去蒂切塊。溫鍋中加入植物油，放入鮮香菇與肉片拌炒（圖❶）。
2. 再加入切塊西洋芹，與些許鹽巴及西式香料調味，拌炒至熟即可（圖❷）。

擇食五寶之五：炒肉片③

蠔油秀珍菇皇帝豆炒肉片

How To Cook

材料

秀珍菇1/2碗
皇帝豆1/2碗
豬肉片75g
植物油
少許鹽
蠔油或香菇素蠔油少許

❶

❷

❸

做法

1. 皇帝豆滾水煮5分鐘，放涼後去皮膜（圖❶）。
2. 溫鍋中倒入植物油，再放進肉片與秀珍菇一起拌炒（圖❷）。
3. 加入皇帝豆與些許鹽巴、蠔油調味，一起拌炒至熟即可（圖❸）。

Tips

皇帝豆有季節性，大約四月就已經進入產季末期了，若是買不到的話，可以用蓮藕或是一年四季都有的菱角、甜豆莢代替。

擇食五寶之五：炒肉片❹

青花菜杏鮑菇炒肉片

[How To Cook]

材料

青花菜1/2朵
杏鮑菇2小支
乾香菇1朵（去蒂切絲）
豬肉片75g
植物油
香菇素蠔油少許

做法

1. 青花菜洗淨去皮切小塊、杏鮑菇洗淨切塊。溫鍋中倒入植物油，先以香菇絲爆香，再加入肉片與杏鮑菇拌炒（圖❶）。
2. 再加入青花菜，與些許香菇素蠔油調味，拌炒至熟即可（圖❷）。

Tips

青花菜容易長蟲，因此農夫在耕作過程中，多半會噴灑農藥，除了烹調前徹底清潔之外，青花菜的外皮也要刨得徹底一點喔。

爲妳搭配好的30天月子餐菜單

另外，我也針對每一餐所需要的搭配菜色，設計了一整個月的坐月子飲食菜單，不論是家人幫妳料理，或是自己想下廚試試看，還是一時之間不知道該怎麼搭配菜色的人，完全可以按表操課。當然，只要把握住食物質性原則，妳也可以自己發揮創意，創造出獨門菜色。

——30日菜單範例——

第一週	早餐	午餐	晚餐
第1天	制首烏補氣雞湯 火鍋肉片3～4片 水果任選2種（註1） 澱粉（註2）	黨參山藥杏鮑菇雞湯 西洋芹洋菇炒肉片 澱粉（註2）	薑絲石斑魚湯 紅蘿蔔香菇肉燥 澱粉（註2）
第2天	制首烏補氣雞湯 火鍋肉片3～4片 水果任選2種（註1） 澱粉（註2）	花生豬腳黑棗枸杞湯 青花菜茭白筍＋燒肉 澱粉（註2）	青木瓜黑木耳南瓜湯 秀珍菇皇帝豆炒肉片 澱粉（註2）

第3天	制首烏補氣雞湯 火鍋肉片3～4片 水果任選2種（註1） 澱粉（註2）	西洋參香菇雞湯（剖腹產者第一週改用杜仲巴吉枸杞雞湯） 山藥木耳炒肉片 澱粉（註2）	薑絲鱸魚湯 豌豆莢杏鮑菇炒肉片 澱粉（註2）
第4天	制首烏補氣雞湯 火鍋肉片3～4片 水果任選2種（註1） 澱粉（註2）	黨參山藥杏鮑菇雞湯 海帶馬鈴薯燉肉 澱粉（註2）	青木瓜皇帝豆湯 洋蔥胡蘿蔔肉捲 澱粉（註2）
第5天	制首烏補氣雞湯 火鍋肉片3～4片 水果任選2種（註1） 澱粉（註2）	花生豬腳黑棗枸杞湯 秀珍菇皇帝豆炒肉片 澱粉（註2）	薑絲石斑魚湯 海帶洋蔥燒肉 澱粉（註2）
第6天	制首烏補氣雞湯 火鍋肉片3～4片 水果任選2種（註1） 澱粉（註2）	杜仲巴吉枸杞雞湯 西洋芹山藥燒肉 澱粉（註2）	青木瓜黑木耳南瓜湯 甜豆莢木耳炒肉片 澱粉（註2）
第7天	制首烏補氣雞湯 火鍋肉片3～4片 水果任選2種（註1） 澱粉（註2）	黨參山藥杏鮑菇雞湯 雞腿燒肉＋綠豆芽炒紅蘿蔔 澱粉（註2）	薑絲鱸魚湯 山藥鮮香菇炒肉片 澱粉（註2）

註1：水果可選擇：奇異果（綠肉）1/2個、酪梨1/4個、百香果1/2個、蓮霧1個、木瓜6口、美國葡萄6～10個、小顆蘋果1/2個或大顆蘋果1/4個、枇杷3～5個、釋迦1/2個、草莓3～5個、小根香蕉1條或大根香蕉1/2條。以上水果早餐可任選2種。

註2：澱粉份量以整體8分飽為原則。澱粉可選擇白飯、五穀雜糧飯（一星期最多吃3～4次為原則，有脹氣、皮膚過敏者不宜）、白麵條、烏龍麵、冬粉（一星期最多吃3～4次為原則）、米粉（一星期最多吃3～4次為原則）、白饅頭、雜糧饅頭（一星期最多吃3～4次為原則，有脹氣、皮膚過敏者不宜）、白吐司、法國麵包、貝果等。

第二週	早餐	午餐	晚餐
第8天	四神茯苓雞湯 火鍋肉片3～4片 水果任選2種（註1） 澱粉（註2）	花生豬腳黑棗枸杞湯 西洋芹茭白筍肉燥 澱粉（註2）	青木瓜皇帝豆湯 豌豆莢杏鮑菇炒肉片 澱粉（註2）
第9天	四神茯苓雞湯 火鍋肉片3～4片 水果任選2種（註1） 澱粉（註2）	杜仲巴吉枸杞雞湯 青花菜杏鮑菇炒肉片 澱粉（註2）	薑絲石斑魚湯 海帶馬鈴薯燉肉 澱粉（註2）
第10天	四神茯苓雞湯 火鍋肉片3～4片 水果任選2種（註1） 澱粉（註2）	黨參山藥杏鮑菇雞湯 山藥洋菇炒肉片 澱粉（註2）	青木瓜黑木耳南瓜湯 雞腿燒肉＋綠豆芽炒紅蘿蔔 澱粉（註2）
第11天	四神茯苓雞湯 火鍋肉片3～4片 水果任選2種（註1） 澱粉（註2）	花生豬腳黑棗枸杞湯 海帶洋蔥燉肉 澱粉（註2）	薑絲鱸魚湯 茭白筍山藥肉捲 澱粉（註2）

第12天	四神茯苓雞湯 火鍋肉片3～4片 水果任選2種（註1） 澱粉（註2）	西洋參香菇雞湯 綠豆芽木耳炒肉片 澱粉（註2）	青木瓜皇帝豆湯 洋蔥胡蘿蔔肉捲 澱粉（註2）
第13天	四神茯苓雞湯 火鍋肉片3～4片 水果任選2種（註1） 澱粉（註2）	黨參山藥杏鮑菇雞湯 甜豆莢木耳炒肉片 澱粉（註2）	薑絲石斑魚湯 黑木耳山藥肉捲 澱粉（註2）
第14天	四神茯苓雞湯 火鍋肉片3～4片 水果任選2種（註1） 澱粉（註2）	花生豬腳黑棗枸杞湯 豌豆莢鮮香菇＋燒肉 澱粉（註2）	青木瓜黑木耳南瓜湯 茭白筍杏鮑菇燒肉 澱粉（註2）

註1：水果可選擇：奇異果（綠肉）1/2個、酪梨1/4個、百香果1/2個、蓮霧1個、木瓜6口、美國葡萄6～10個、小顆蘋果1/2個或大顆蘋果1/4個、枇杷3～5個、釋迦1/2個、草莓3～5個、小根香蕉1條或大根香蕉1/2條。以上水果早餐可任選2種。

註2：澱粉份量以整體8分飽為原則。澱粉可選擇白飯、五穀雜糧飯（一星期最多吃3～4次為原則，有脹氣、皮膚過敏者不宜）、白麵條、烏龍麵、冬粉（一星期最多吃3～4次為原則）、米粉（一星期最多吃3～4次為原則）、白饅頭、雜糧饅頭（一星期最多吃3～4次為原則，有脹氣、皮膚過敏者不宜）、白吐司、法國麵包、貝果等。

第三週	早餐	午餐	晚餐
第15天	天麻枸杞雞湯 火鍋肉片3～4片 水果任選2種（註1） 澱粉（註2）	杜仲巴吉枸杞雞湯 西洋芹鮮香菇炒肉片 澱粉（註2）	薑絲鱸魚湯 山藥洋菇炒肉片 澱粉（註2）
第16天	天麻枸杞雞湯 火鍋肉片3～4片 水果任選2種（註1） 澱粉（註2）	黨參山藥杏鮑菇雞湯 茭白筍豌豆莢燒肉 澱粉（註2）	青木瓜皇帝豆湯 海帶洋蔥燉肉 澱粉（註2）
第17天	天麻枸杞雞湯 火鍋肉片3～4片 水果任選2種（註1） 澱粉（註2）	花生豬腳黑棗枸杞湯 青花菜杏鮑菇炒肉片 澱粉（註2）	薑絲石斑魚湯 山藥木耳炒肉片 澱粉（註2）
第18天	天麻枸杞雞湯 火鍋肉片3～4片 水果任選2種（註1） 澱粉（註2）	西洋參香菇雞湯 洋蔥胡蘿蔔肉捲 澱粉（註2）	青木瓜黑木耳南瓜湯 甜豆莢鴻禧菇炒肉片 澱粉（註2）

第19天	天麻枸杞雞湯 火鍋肉片3～4片 水果任選2種（註1） 澱粉（註2）	黨參山藥杏鮑菇雞湯 海帶馬鈴薯燉肉 澱粉（註2）	薑絲鱸魚湯 豌豆莢鮮香菇＋燒肉 澱粉（註2）
第20天	天麻枸杞雞湯 火鍋肉片3～4片 水果任選2種（註1） 澱粉（註2）	花生豬腳黑棗枸杞湯 西洋芹秀珍菇炒肉片 澱粉（註2）	青木瓜皇帝豆湯 茭白筍山藥肉捲 澱粉（註2）
第21天	天麻枸杞雞湯 火鍋肉片3～4片 水果任選2種（註1） 澱粉（註2）	西洋參香菇雞湯 雞腿燒肉＋綠豆芽炒紅蘿蔔 澱粉（註2）	薑絲石斑魚湯 甜豆莢杏鮑菇炒肉片 澱粉（註2）

註1：水果可選擇：奇異果（綠肉）1/2個、酪梨1/4個、百香果1/2個、蓮霧1個、木瓜6口、美國葡萄6～10個、小顆蘋果1/2個或大顆蘋果1/4個、枇杷3～5個、釋迦1/2個、草莓3～5個、小根香蕉1條或大根香蕉1/2條。以上水果早餐可任選2種。

註2：澱粉份量以整體8分飽為原則。澱粉可選擇白飯、五穀雜糧飯（一星期最多吃3～4次為原則，有脹氣、皮膚過敏者不宜）、白麵條、烏龍麵、冬粉（一星期最多吃3～4次為原則）、米粉（一星期最多吃3～4次為原則）、白饅頭、雜糧饅頭（一星期最多吃3～4次為原則，有脹氣、皮膚過敏者不宜）、白吐司、法國麵包、貝果等。

第四週	早餐	午餐	晚餐
第22天	清蔬休養雞湯 火鍋肉片3～4片 水果任選2種（註1） 澱粉（註2）	黨參山藥杏鮑菇雞湯 西洋芹秀珍菇炒肉片 澱粉（註2）	青木瓜黑木耳南瓜湯 茭白筍山藥肉捲 澱粉（註2）
第23天	清蔬休養雞湯 火鍋肉片3～4片 水果任選2種（註1） 澱粉（註2）	花生豬腳黑棗枸杞湯 雞腿燒肉＋綠豆芽炒紅蘿蔔 澱粉（註2）	薑絲鱸魚湯 豌豆莢鮮香菇＋燒肉 澱粉（註2）
第24天	清蔬休養雞湯 火鍋肉片3～4片 水果任選2種（註1） 澱粉（註2）	杜仲巴吉枸杞雞湯 海帶洋蔥燉肉 澱粉（註2）	青木瓜皇帝豆湯 甜豆莢鴻禧菇炒肉片 澱粉（註2）
第25天	清蔬休養雞湯 火鍋肉片3～4片 水果任選2種（註1） 澱粉（註2）	黨參山藥杏鮑菇雞湯 西洋芹茭白筍肉燥 澱粉（註2）	薑絲石斑魚湯 豌豆莢鮮香菇＋燒肉 澱粉（註2）

第26天	清蔬休養雞湯 火鍋肉片3~4片 水果任選2種（註1） 澱粉（註2）	花生豬腳黑棗枸杞湯 青花菜茭白筍＋燒肉 澱粉（註2）	青木瓜黑木耳南瓜湯 洋蔥胡蘿蔔肉捲 澱粉（註2）
第27天	清蔬休養雞湯 火鍋肉片3~4片 水果任選2種（註1） 澱粉（註2）	西洋參香菇雞湯 紅蘿蔔香菇肉燥 澱粉（註2）	薑絲石斑魚湯 山藥洋菇炒肉片 澱粉（註2）
第28天	清蔬休養雞湯 火鍋肉片3~4片 水果任選2種（註1） 澱粉（註2）	杜仲巴吉枸杞雞湯 海帶馬鈴薯燉肉 澱粉（註2）	青木瓜皇帝豆湯 洋蔥木耳炒肉片 澱粉（註2）

註1：水果可選擇：奇異果（綠肉）1/2個、酪梨1/4個、百香果1/2個、蓮霧1個、木瓜6口、美國葡萄6～10個、小顆蘋果1/2個或大顆蘋果1/4個、枇杷3～5個、釋迦1/2個、草莓3～5個、小根香蕉1條或大根香蕉1/2條。以上水果早餐可任選2種。

註2：澱粉份量以整體8分飽為原則。澱粉可選擇白飯、五穀雜糧飯（一星期最多吃3～4次為原則，有脹氣、皮膚過敏者不宜）、白麵條、烏龍麵、冬粉（一星期最多吃3～4次為原則）、米粉（一星期最多吃3～4次為原則）、白饅頭、雜糧饅頭（一星期最多吃3～4次為原則，有脹氣、皮膚過敏者不宜）、白吐司、法國麵包、貝果等。

第五週	早餐	午餐	晚餐
第29天	制首烏補氣雞湯 火鍋肉片3～4片 水果任選2種（註1） 澱粉（註2）	花生豬腳黑棗枸杞湯 西洋芹杏鮑菇炒肉片 澱粉（註2）	薑絲石斑魚湯 海帶馬鈴薯燉肉 澱粉（註2）
第30天	制首烏補氣雞湯 火鍋肉片3～4片 水果任選2種（註1） 澱粉（註2）	黨參山藥杏鮑菇雞湯 青花菜茭白筍＋燒肉 澱粉（註2）	青木瓜黑木耳南瓜湯 紅蘿蔔香菇肉燥澱粉 （註2）

這套坐月子餐，在月子後的哺乳期間都還可以繼續延續，不需要坐完月子就完全停止，因為其中也包含了能夠增加泌乳量的發奶湯品，繼續執行，寶寶的食物絕對不虞匱乏。

註1：水果可選擇：奇異果（綠肉）1/2個、酪梨1/4個、百香果1/2個、蓮霧1個、木瓜6口、美國葡萄6～10個、小顆蘋果1/2個或大顆蘋果1/4個、枇杷3～5個、釋迦1/2個、草莓3～5個、小根香蕉1條或大根香蕉1/2條。以上水果早餐可任選2種。

註2：澱粉份量以整體8分飽為原則。澱粉可選擇白飯、五穀雜糧飯（一星期最多吃3～4次為原則，有脹氣、皮膚過敏者不宜）、白麵條、烏龍麵、冬粉（一星期最多吃3～4次為原則）、米粉（一星期最多吃3～4次為原則）、白饅頭、雜糧饅頭（一星期最多吃3～4次為原則，有脹氣、皮膚過敏者不宜）、白吐司、法國麵包、貝果等。

親餵母乳一舉兩得

相信大家在懷孕期間也都會做功課，或是上網看看別的媽媽們的經驗分享，我想，親餵母乳的好處，我就不必再多說，因為餵母乳的好處多多，目前各大醫院包括月子中心也都建議能餵母乳最好，所以，也請妳以母乳為優先考量。

經過孕前、懷孕期間的體質調養，妳的母乳應該是寶寶在這世界上最棒的食物，既健康又營養。會擔心因為餵母乳會讓乳腺阻塞，下垂，或是變成石頭奶嗎？如果，妳都有按照建議的勤於按摩，不偷懶地擠奶，補充足夠的營養素，這些問題一個也不會發生。

生完之後妳就可以開始熱敷胸部了，會幫助加速乳汁分泌。餵奶的方式則有兩種，第一是躺餵（親餵），這是最建議的。平躺或側躺都可以；另外是擠出瓶餵，由爸爸餵並善用月形枕支撐，建議媽媽盡量還是平躺喔！

餵母奶的時間長短，建議至少六個月，如果可以的話長達一年或更久也很不錯。也請妳先親餵，等到寶寶吸膩了，或是沒有力氣吸的時候，再改成奶瓶餵奶。

至於擠奶，是生產完後的一大功課。即便再累，都不能偷懶，否則等到乳腺阻塞，妳想後悔也來不及了。

首先，第一次的初乳，多半可以在醫院護士的協助下進行，務必要記住，奶水一定要擠乾淨，可以利用擠奶器或吸奶器來輔助。之後，只要感覺脹奶，就要用熱毛巾熱敷，並且在熱敷15分鐘後，開始按摩，這些動作，對於擠奶很有幫助。

一開始的幾天，大約一天需要3、4次的熱敷與按摩。不過，隨著泌乳量的增加，每一次擠奶前約半小時到1個小時，都要進行一次熱敷與按摩。例如：每2個小時要餵奶一次，餵奶前的半小時到1個小時就要進行熱敷按摩。這的確是一個需要花時間的過程，不過如果妳在月子中心或是請月嫂到家裡來坐月子，基本上是可以請她們協助的。

而泌乳期間的按摩，除了產前一個月的圓周狀胸部按摩之外，還得再加上由外往內的放射狀按摩。此時妳一定要勤勞按摩不偷懶，每天規律的一個動作可以讓妳的乳腺不阻塞，免於之後還要遭受不必要的折磨。

泌乳期間務必要做的放射狀胸部按摩：

單手托住一側胸部，另一隻手手指併攏，用手掌外側，從胸部外圍往乳頭方向推撥，整個胸部都如此由外往內按摩後，再重複約3～5次，另一側胸部也別忘了喔。

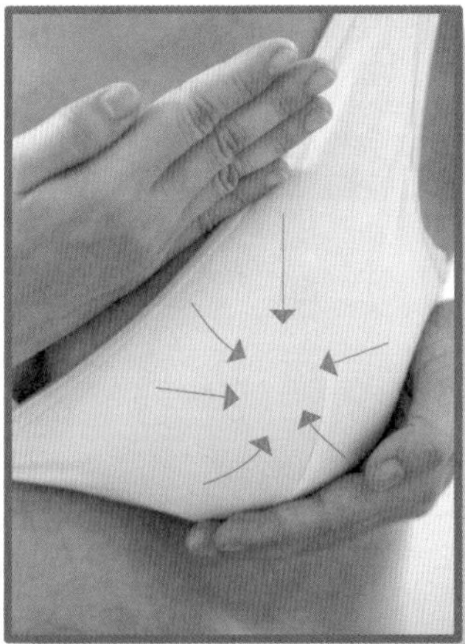

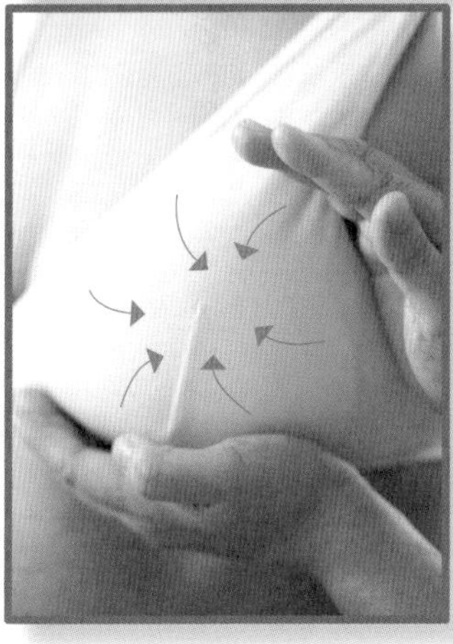

這個胸部按摩，妳可以自己進行，也可以請別人幫忙，尤其是有請月嫂到家裡來的人，月嫂都會很樂意幫忙的。另外，餵奶前，乳頭的清潔也要做得確實，餵奶後的清潔保養，以及確認已經把奶水擠乾淨這點，也都偷懶不得喔。

退奶不求人，調整飲食輕鬆退

如果哺乳了半年以後，因為工作或是其他生活的種種因素，不想要繼續哺乳想退奶時，可別先急著去醫院打退奶針。我提供妳自然緩和的退奶步驟，依序進行，妳的奶水就會慢慢減少的。

首先，要從月子餐當中的雞湯開始減量。開始退奶的大原則是，逐週減少湯品的攝取，先從晚餐的湯開始減掉，一週一週地，慢慢減少湯品的攝取，到最後恢復成平時調養的只有早餐喝雞湯的狀態，過程中，也逐漸地減少肉類的攝取，最後再搭配退奶水，就可以輕鬆退奶。

六周退奶步驟：

第一週，去掉晚餐的青木瓜湯。

第二週，去掉晚餐的魚湯。

第三週，去掉午餐的花生豬腳湯。

第四週，去掉中午的雞湯，保留早上的雞湯。

第五週，開始減少肉量攝取，先減少每餐1片肉的量（約15～20克）。

第六週，再減少每餐1片的肉，往後以每週減少每餐1片肉量的原則，直到回復到懷孕前每餐正常75克肉量的攝取。

經過大約六週後，飲食部分已經回復到產前的狀態，此時，每次餵奶前的熱敷按摩，請改成冰敷。冰敷的道具也很簡單，只需要隨處都買得到的高麗菜即可。

可以事先準備好幾片比較大的高麗菜葉，清洗過後以流動的水泡15分鐘，好讓農藥等等不好的物質徹底清除，再冰在冰箱備用。每次要餵奶前，取出冰箱的高麗菜葉，冰敷10～15分鐘。

這個階段，還可以搭配退奶水。

退奶水的製作方法也很簡單，準備生麥芽1兩，加1200 c.c.的水煮20分鐘後，當水喝，喝個3天，如果還是有奶水，則調整生麥芽的量，用生麥芽2兩，加1500 c.c.的水，煮20分鐘，一樣每天當水喝，直到奶水全退了為止。

另外，退奶過程中，沒有脹奶的話就先不要擠奶了，如此一來，多管齊下，妳的身體自然會告訴妳的大腦，不需要再繼續泌乳了，奶水自然會慢慢地減少。身體呢，是個很奇妙的構造，妳只要告訴它一點訊息，它就會給妳回應。重點是不要急也不要猛，盡量以不破壞身體自然運作的方式調整，這樣才能和身體和平共處。

腹部腿部淋巴按摩兼顧排毒與瘦身

生產完後，媽媽們就開始展開與寶寶的新生活，大部分的媽媽們，無不將所有心力都放在寶寶身上，因為看到那天使般的臉孔，誰能不心動呢，尤其又是從自己身體內孕育出來的生命，是這世界上最珍貴的寶貝，無法取代。正當妳為了寶寶認真進食，努力哺乳的時候，也別忘了照顧自己。

雖然說，在經過我調理的孕婦中，如果在懷孕期間正確的飲食、作息與控制體重的話，在產後多半能在短時間內順利地恢復到產前的身材，不過，我還是提供一些有助於身材恢復的按摩方法，鎖定的部位在腹部與腿部。這些按摩區域，也都會觸及身體的淋巴系統，除了瘦身的功能，還可以同時有淋巴排毒作用。

腹部淋巴緊實按摩

針對腹部的淋巴瘦身按摩進行過程中，需要全程躺下，所以請妳先準備一個抱枕或是一條毛巾，墊在腰部下面，或是將摺疊起來的毛巾當作抱枕使用，把腰部撐起來，讓上半身至少因此能有一點伸展的感覺。躺好後，雙手可以搭配慣用的身體乳液或是個人的保養品，開始進行腹部瘦身按摩。

❶先進行腹式呼吸。吸氣時，肚子隆起，吐氣時肚子凹陷，慢慢地吸吐，大概3～5次，身體就會有自然放鬆的感覺。不習慣這種呼吸法的人，剛開始時，把意念集中在肚子，多練習幾次，就能上手了。

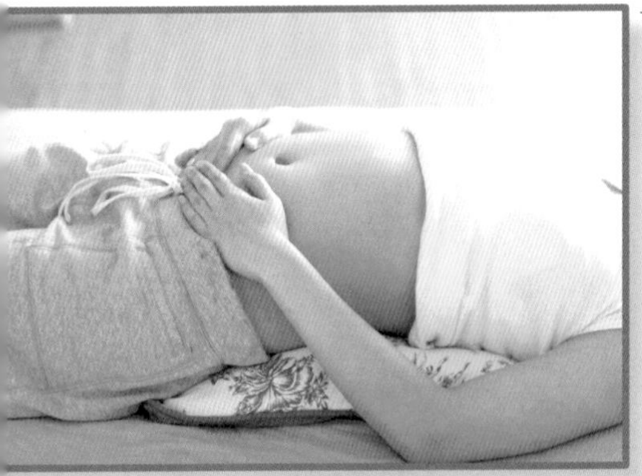
吸氣時肚子凸出來。

吐氣時肚子凹下去。

❷雙手以順時針方向不斷交替，在肚子上以畫圓方式按摩。約劃3～5圈。

❸接著找到自己肋骨的位置，從左邊肋骨下方開始，往左下方推按，再從左腰側，往肚臍下方推按，再從下腹部往右側腰間推按，最後再從右側腰間，往右邊肋骨方向推按，以菱形的推按方向，持續3～5次。

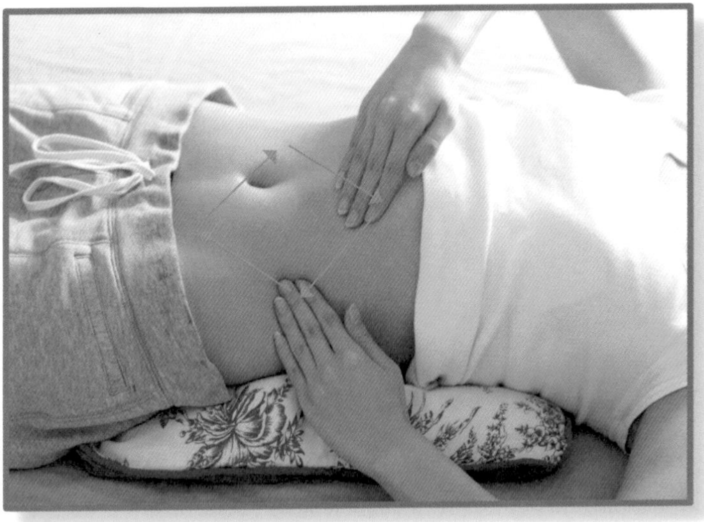

❹從腰側開始，由外往內，雙手交替滑撥，可以稍微用點力氣，感覺要把腰間的肉往肚臍方向推，每一邊重複推撥6次。

❺最後再搭配幾個穴位按摩，幫助排水與緊實腹部肌肉，就可以大功告成了。

腹部瘦身穴位：

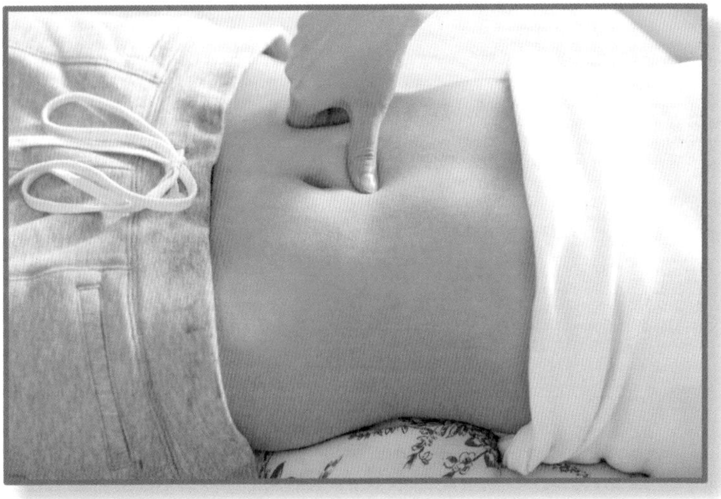

◆水分穴

功能：幫助水分代謝正常，消除浮腫

位置：肚臍上方約一指寬處

按摩手法：以拇指指腹慢慢按壓，或是定點繞圈揉按，重複約5～10次

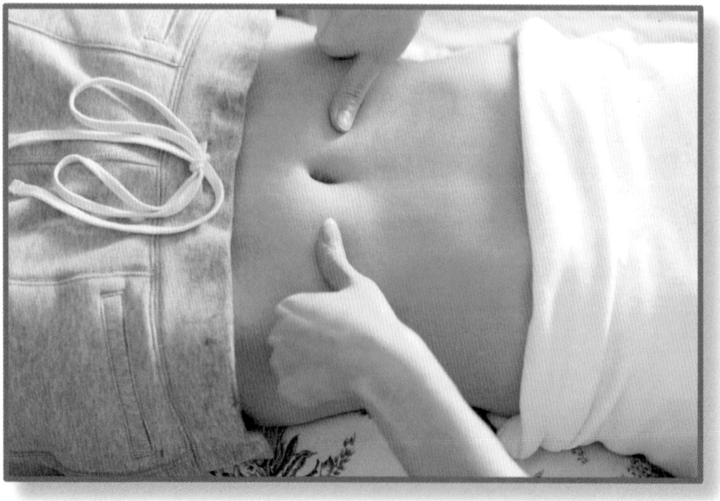

◆天樞穴

功能：幫助緊實腹部肌肉

位置：肚臍左右約2指寬的位置

按摩手法：可用兩隻手的大拇指指腹按壓，也可以定點繞圈揉按，重複約5～10次

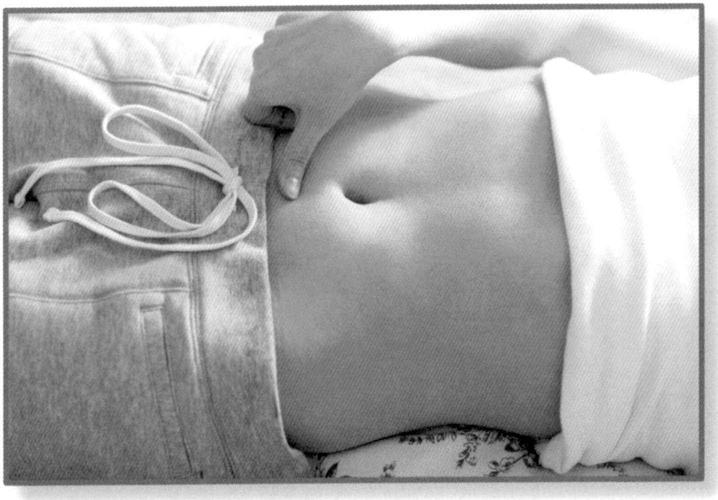

◆氣海穴

功能：幫助平衡賀爾蒙，鎮定神經與紓壓

位置：肚臍下方2公分

按摩手法：可用兩隻手的大拇指指腹按壓，也可以定點繞圈揉按，重複約5～10次。

❻按摩的最後需要進行舒緩。請將雙手放在下腹，也就是子宮的位置，往外側緩慢撫滑，並且想像著子宮正因為妳的雙手而獲得舒展，連續約5～10次。最後，將雙掌交疊，回到腹部，順時針方向繞圈安撫，約5～10次。

腿部淋巴消腫按摩

做腿部按摩的時候，可以找一張矮椅坐著按摩，或是坐在床上、沙發上也都沒問題，盡量找到一個妳覺得舒適的動作再開始。和腹部按摩一樣，妳可以選擇自己喜歡的身體乳液，從左腳開始。

❶以拇指指腹按壓腳心湧泉穴的地方，可往下按壓，也可停留原處揉按。這個穴位可以幫助水分代謝，排除多餘水分。重複此動作約3～5次。

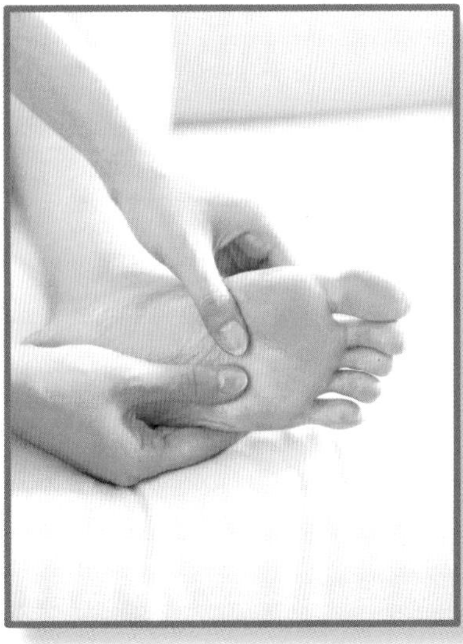

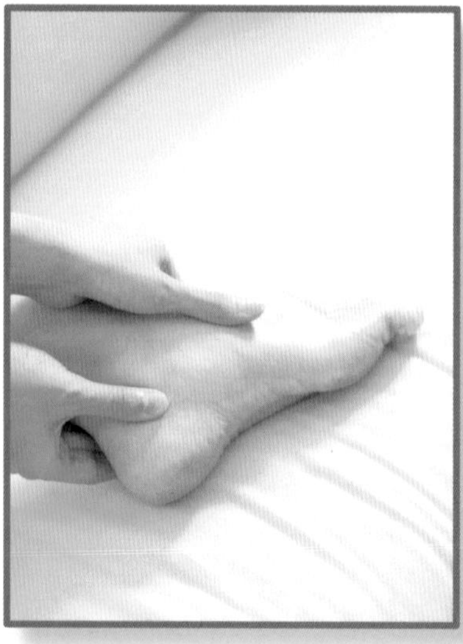

❷以拇指指腹推按腳踝內側。重複約3～5次。

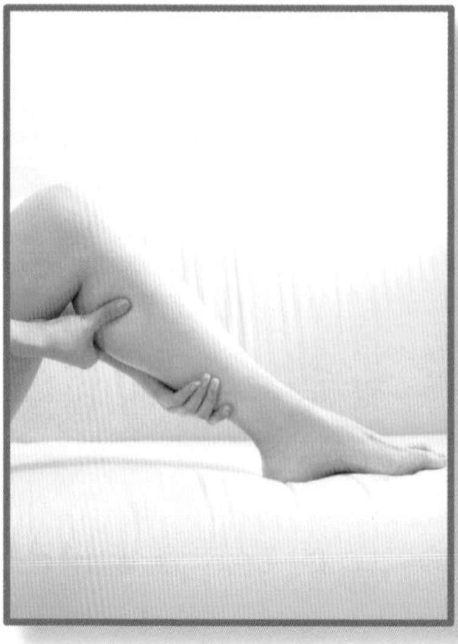

❸再由腳踝沿著後腿，雙手交替，一路往上撫順直到大腿根部。

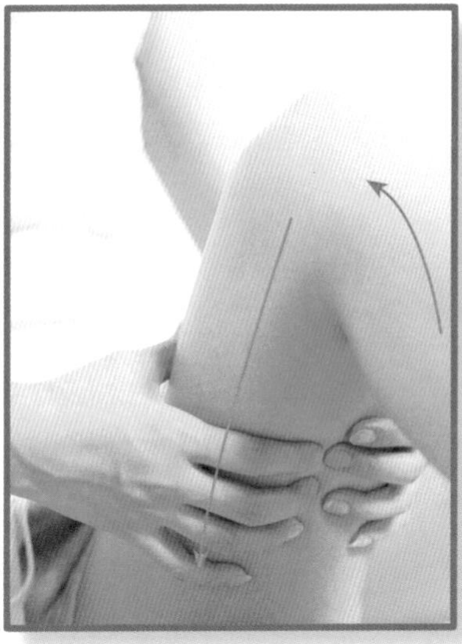

❹雙手握住小腿，由腳踝處往大腿根部滑行，過程中四隻手指頭可稍加施力，重複約3～5次。

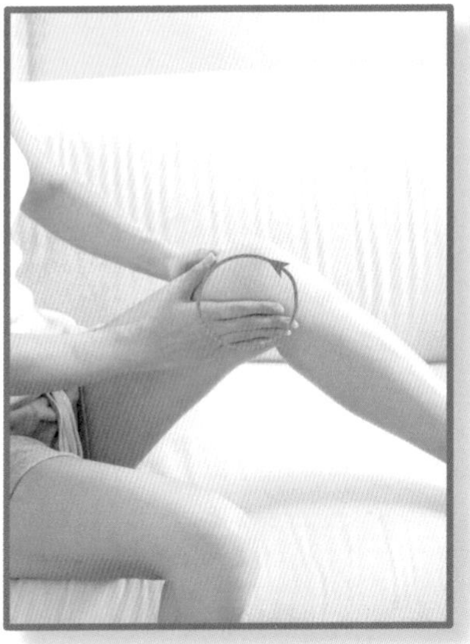

❺右手於膝蓋內側畫圓按摩，重複5次。

❻握拳輕輕敲擊小腿至大腿外側，可以促進循環，重複數次，直到腿部微微感到溫熱即可。

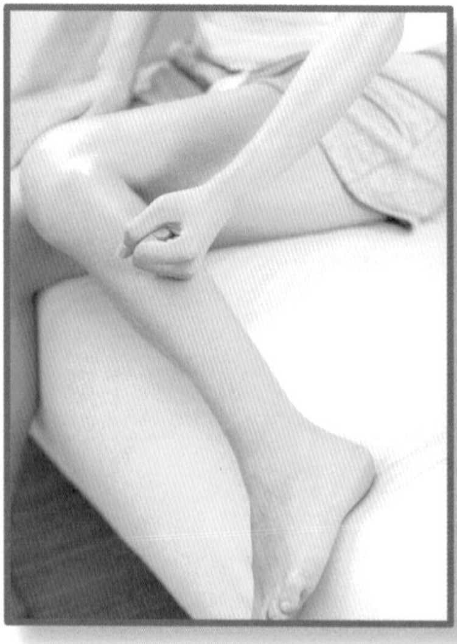

❼舒緩，由下往上安撫整條腿，並換右腳進行按摩。

按摩指導示範　玩。療癒 Kaya Wang
kayawang.massage@gmail.com

按摩貴在持之以恆，可別三天打漁兩天曬網喔！我覺得更可貴的是，每天花個十幾分鐘替自己按摩，讓自己專注於自己的身體，享受忙碌生活中專屬自己的安靜片刻，適當地放鬆，可以讓妳更有能量地面對生活中的大小事。

如果妳想要有個寶寶，但卻遲遲沒有好消息，先別急，按照書中的建議，自己試著尋找適合自己的食物，觀察自己身體的變化，假以時日，妳的身體就會告訴妳，我準備好了！屆時，有個健康的寶寶，絕非難事。如果妳已經有了寶寶，或是正打算有下一個寶寶，這些原則更是身為母親的妳，必須學習的，因為妳掌握的不只是自己，更是全家人與下一代的健康。

從今天開始就身體力行吧！檢查一下家裡的冰箱、食物櫃，該捨棄的就捨棄，該拒絕的就拒絕，因為，現在的決心，會為妳以及寶寶帶來再多金錢也買不到的一輩子健康！

加油，要持之以恆喔！邱老師祝福妳！

「婦科問題要注意」

備孕期首要任務就是調整體質與調理婦科問題，以下是我整理的一些常見的婦科問題，妳可以依自己的狀況，按照我的建議去調整，調好身體才能夠懷孕喔！

婦科問題

原因	體質寒
症狀	分泌物多，經期不規則且量少或量多，經痛/婦科腫瘤
忌口	生食、冰品、上火食物、寒性食物/山藥、蛋、黃豆製品、魚
建議	經血多的人要停喝薑汁，忌經期泡腳

1.經期不準

正確計算月經週期的方法，從上一次月經結束的第二天算起到這一次月經開始的前一天，是為週期，連續記錄三個月到半年，觀察週期天數，誤差3～5天都算正常。

(1)月經提前成因：

❶身體器官病變，如婦科反覆發炎，甲狀腺出現問題或腦瘤

❷上火、血熱

※ 對應方法—忌口寒性和上火食物

❸情緒劇烈變化

❹生活環境產生巨大變動也可能提前或延後

(2)月經延後成因

❶血虛—營養不均衡，造血功能不良

❷荷爾蒙失調、子宮內膜增生或多囊性卵巢症候群

❸長期服用避孕藥

❹卵巢早衰

❺情緒異常

❻過度節食、減重

❼甲狀腺功能異常

(3)荷爾蒙失調成因

❶脂肪為內分泌系統製造荷爾蒙的原料，長期優質脂肪攝取不足或不均衡，都有可能造成荷爾蒙失調

❷長期上火－成因是長期攝取上火食物、熬夜、情緒壓力

❸腦部腫瘤

❹甲狀腺亢進或低下

❺過度節食、營養失調

2.婦科發炎

(1)成因－體質太寒、對蛋、牛肉過敏、內褲陰乾、下半身衣褲過於緊繃不透氣，還有不潔性行為引起

※對應方法－忌口寒性食物、生食、冰品、蛋類、牛肉；內褲不要陰乾，有發炎時用棉質免洗褲洗過再穿；塞劑治療完成後將發炎時穿過的內褲全部丟掉，避免重覆感染；下半身衣著盡量以寬鬆透氣為原則，性行為時除非打算懷孕，否則請全程使用保險套。

3.多囊性卵巢症候群

(1)成因—

❶長期大量吃蛋、奶類製品

❷上火食物吃太多

❸生活作息不正常

❹情緒壓力

❺長期優質脂肪攝取不足

※對應方法—忌口寒性、上肝火、影響婦科的食物包括魚、山藥、竹筍、蛋類及奶類，不熬夜，以及做好情緒管理。

4.經痛

(1)成因—

❶體質太寒

※對應方法—熱敷肚臍下方和薦骨上方。

經血量少或正常者可喝溫薑汁，忌口寒性、上火食物。

一般經痛因體質太寒引起的多為悶脹痛；抽痛、刺痛則有可能經期前吃到影響神經的食物，可多吃1～2顆1000毫克檸檬酸鈣來緩解。

❷子宮內膜異位（上火引起）、子宮肌腺瘤（子宮內膜異位和子宮肌腺瘤多為絞痛）

※對應方法─熱敷，忌口寒性和上火食物，喝溫薑汁，並嚴格忌口蛋類、奶類、黃豆製品、魚類、竹筍類。

5.經期頭痛

(1)成因

❶缺鐵

※對應方法─補充鐵劑，或認真攝取優質蛋白中羊或豬的瘦肉。

❷體質太寒─頭重、昏沈、悶脹

※對應方法─可熱敷頸大椎和肩頸，忌口寒性食物，喝溫薑汁（經血量多者不宜）。

❸缺鈣或經期前吃到影響神經食物

※對應方法─檸檬酸鈣1000毫克多吃1～2次，忌口上火及影響神經食物。

婦科症狀

症狀	原因	忌口與建議
婦科腫瘤	生理因素和心理因素都可能造成。體寒，長期上火＋荷爾蒙失調＋食物影響或遺傳	忌口蛋、奶製品、黃豆、魚、竹筍、山藥
經血隨年齡增加，或血塊多	有可能是子宮肌瘤或凝血功能不足	忌口蛋、奶製品、黃豆、魚、竹筍，山藥和寒性及上火食物
量少	卵巢、子宮功能差，若伴隨天數變少是上肝火腎陰虛	忌口寒性及上火食物
分泌物變多或潤滑液變少	分泌物變多是體質太寒，潤滑液變少是上火	忌口寒性食物和上肝火食物
造血功能不足、貧血		月經結束後可吃三次豬肝
經痛（抽痛，刺痛，絞痛）	和神經痛有關	正在痛時可吃鈣，因鈣可安定神經
經血有血塊	上火	忌口寒性食物和上肝火食物

經期症候群	體寒上火，缺鈣	忌口寒性、上火食物，把鈣質補夠
經期胸部脹痛	上胃火	忌口甜食、奶製品、五穀雜糧、竹筍、黃豆製品、山藥，忌吃飯太快
經期長	心臟無力所以子宮收縮不好	補充Q10，蛋白質和澱粉的量也要夠
經期不規律	缺鈣，上火	補充鈣片和月見草油（婦科腫瘤者不宜）
排卵期腹痛	上肝火或與卵巢、輸卵管病變有關	忌口寒性、上火食物，檢查卵巢、輸卵管
分泌物多	體質太寒	忌口冰品、生食，喝薑汁、雞湯
陰道發炎、感染	自體免疫系統弱或性行為造成	忌口寒性、上火食物，不熬夜，性行為使用保險套；溫薑汁，擇食雞湯，優質蛋白質認真吃
尿道炎	一般是因為長期憋尿，水又喝得少引起	大量喝水沖淡細菌，濃的蔓越莓汁也可以緩解
蜜月型膀胱炎、尿道炎	頻繁的性生活	避免過度性行為，且建議性行為前先喝點水，結束後排尿和沖洗

子宮內膜異位	嚴重上肝火	忌口寒性、上火食物，不熬夜
子宮頸癌	和性行為有關 高危險群：長期陰道（婦科）反覆發炎	忌口寒性、上火食物，性行為時確實使用保險套
乳房纖維瘤、乳腺增生或乳腺結節	因為大量吃黃豆製品（上胃火），高溫油炸及奶製品、蛋製品	忌口蛋、奶、黃豆、魚類製品、竹筍、山藥
胃食道逆流	肝火加胃火	忌上肝火食物、甜食、五穀雜糧，竹筍、黃豆製品、山藥，每一口食物咀嚼30下
肺虛	講話多，或抽煙、心肺功能差	可吃燕窩，補肺陰：百合、蓮子、山藥（婦科腫瘤禁食）、白木耳（較寒，大便不成形的人少吃），或西洋參泡茶，梨子較寒所以不建議
頭暈	氣血循環差，心臟無力、貧血	認真吃優質蛋白，澱粉及補充Q10，早餐要吃2種水果

“關於「流產」，可以這樣看待”

想要懷孕當媽媽的人，要有正確的心態，因為妳的心理狀態會真真切切的影響妳懷孕的成功機率喔！

我常常碰到很多女生，尤其是懷上了又沒有了的情況下，有時候我再深切了解她們內在的想法時，會發現其實很多孕婦自己根本就還沒有準備好要當媽媽，或是她心理上的目的是不純粹的，例如想要挽回與先生的感情，或為了滿足先生或家庭的期望……等等，但是她的內在，並沒有真正的想要當一個母親。

我想告訴大家，在這種情況下，有時候流產不是一件壞事，因為不是全心全意想要當母親的人，是無法無怨無悔承擔起當母親的責任的。

建議任何想要當媽媽的人，一定先要做好心理準備，來面對懷孕不成功這件事情。我記得在我小時候，不像現在這麼常聽到胎兒沒有心跳、妊娠中止，或是胎兒不發育，那個時候，10個人裡面大概2、3個流產，就已經很多了。反觀現在，尤其是最近這十年，沒辦法懷孕成功的機率越來越大，也就是流產率越來越高，原因是什麼呢？

主要是跟環境因素有關：環境毒素，比方像霧霾，也或者是我們整個環境的毒素。一般人居家環境裡面，其實有很多我們看不見的毒素，例如甲醛，很多東西裡面都含有甲醛，像家裡的油漆、家裡所有木造的櫃子，甚至是鋪木頭地板、塑膠地板用的強力膠裡面，都含有甲醛。第二個是子宮環境不良：母親長期營養不均衡或上火，導致黃體素不足或子宮壁過薄。第三個原因則是卵子或精子本身不健康。

我覺得在現在的世界要成功孕育一個小孩，似乎越來越需要奇蹟。如果想要懷孕，胚胎必須健康安全的著床到一個很好的位置，還要可以好好的在媽媽的肚子裡發育，一直到他生下來。怎麼樣才可以避開風險、讓懷孕成功的機率比較大？就要看媽媽有沒有決心，願意為了備孕、懷孕認真忌口和擇食了！

首先我們要了解，胚胎要發展成一個嬰兒，中間要經過很多的挑戰，除非今天父母可能因為什麼特殊的狀況，自願做中止懷孕手術，否則我們即將面對的挑戰就是非自願性流產，那非自願性流產通常的原因會有那幾項？

第一是胚胎本身的品質不良，比方說染色體異常，或者胚胎本身有問題，物競天擇的情況下，他就會自然淘汰。這種情況就算你花再多的力氣，留不住就是留不住，就算你留下來，可能也只是在製造另外一個悲劇。當一個先天不良的胚胎被強硬的留下來，即使母親臥床十個月，還是可能會生出一個有缺陷、不健康的小孩，這不是一個十全十美的社會，這樣的小孩在這個世界上生存是困難的，父母也沒辦法陪他一輩子。所以如果碰到這種情況，不要傷心，而是祝福這個胚胎，下次有更好的機會可以成功的來到這個世界，當然也希望大家都不會遇到這樣的狀況。

第二，是他的著床位置不良，這就跟中獎買樂透一樣，是你沒辦法控制的事情。有時候運氣不好，他著床的位置不好，就沒辦法好好發育，所以他也會自然淘汰，這是一定會發生的事情，試著放寬心看待。

第三種狀況是媽媽子宮本身環境不好，比方說子宮壁過薄，黃體素不足，或者是高齡產婦；也有可能是因為媽媽長期抽煙喝酒，甚至是吸毒嗑藥，也或者是曾經長期有這類行為，都有可能造成她本身子宮環境不良。另外的情況還有像是媽媽子宮裡面有非常大顆的子宮肌瘤，或是很大片的子宮肌腺瘤，這些其實都會影響著床的成功率。

第四種非自願性流產的狀況就是意外，當然都希望大家都不要碰到。

以上種種狀況，除了意外實在是我們沒辦法控制的，如果遇到其他三種狀況，其實流產對小朋友來說，反而不是一件壞事，也希望大家能用健康的心態來面對它。

一旦真的面臨懷孕沒有成功、胎兒留不下來的情況，我們該怎麼辦呢？要如何做好調養？以下是我的幾項建議：

1.不管是幾週時發生狀況，臥床至少休息2週，要做小月子。躺平2個禮拜的時候要做什麼呢？我們可以祝福已經離開的小朋友下次有更好的機會可以來到這個世界，如果有宗教信仰，也可以祈禱或唸經迴向給他。另外，記得控制看電視、滑手機、玩iPad等這些3C產品的時間，不要沒事做就躺在床上不停滑手機，對眼睛傷害很大喔！

2.盡量平躺，就跟坐月子一樣躺平。妳可以在床上側躺，側躺時背後要墊一個大枕頭支撐，分擔妳的力量，這樣躺才不會累；如果妳是平躺，可以把大條的浴巾捲一捲，捲成圓柱狀放在膝蓋底下，這樣會比較舒服。

3.飲食方面：擇食第一帖制首烏雞湯去參鬚＋15顆去籽的紅棗連喝2週。如果是週數比較大，例如12週以上才出現懷孕中止的狀況，可以再加一片掌心大的杜仲，或是小片的杜仲兩片加起來約掌心大小，每天早上喝一碗雞湯。這2週早餐前薑汁要先停喝，接下來飲食都正常有菜有肉有澱粉即可。

4. 半年之內不提重物，至少半年之內不要穿高跟鞋。

5. 另外如果有想要再懷孕，至少要避孕半年，給身體休息恢復的時間，請不要急著馬上再懷孕，否則對母體的耗損會比較大。

「擇食寶寶照護與飲食重點」

一、邱老師BABY教養觀念

1. 擇食寶寶要幾點睡？

(1) 最晚不要超過8、9點。

(2) 零歲到一歲半、二歲，寶寶的生長曲線高低、體重、個性穩定度以及容不容易生病，都和寶寶的睡眠有關。

(3) 寶寶睡眠時間的建立：

寶寶的睡眠時間其實是大人訂出來的，在月子中心寶寶睡覺時間是固定的，所以坐完月子回家也要控制寶寶的行程、固定寶寶睡覺的時間。如果是給保母帶，也得和保母溝通，規定寶寶睡眠時間。

2. 關於寶寶的情緒

(1)在什麼情況下寶寶的情緒會容易躁動？

❶缺鈣：會躁動、睡著四肢會突然抽動、易被驚嚇就哭，或是坐不住易哭鬧。

❷寶寶的情緒、行為反應是大人情緒的投射：媽媽本身是否有某些情緒問題，或者爸媽之間有情緒問題，例如：爸媽爭吵會造成寶寶不安、哭鬧。

(2)建立寶寶規律性的作息

❶寶寶規律的作息很重要，寶寶知道什麼時間該做什麼，個性會比較安定。

❷寶寶脫離嬰兒期後午睡時間會變短，但午睡最多2小時。

❸若晚上七點睡，可以在五點半吃晚餐，六點吃完可以玩一下或散散步，七點就寢。

❹一頓飯以吃半小時為限，時間到吃完就把碗收走，養成寶

寶專心吃飯的習慣；而且要在固定的地方吃飯，吃完才可以離開；過程中也禁止看電視，玩手機、iPad或玩具。

1. 寶寶該如何吃——

母奶階段

(1)母奶

至少要餵六個月。母奶變少和吃及情緒有關，例如營養不夠或是吃到上火食物，所以記得優質蛋白要和生完坐月子一樣，膠質則要和生產前一樣，才有足夠的營養。因為母親的生理本能是只要營養夠就有奶，奶量至少都會夠餵寶寶，除非乳腺不通才會比較少。而且母奶是最不易引起過敏的，如果寶寶對母奶過敏，除非是媽媽亂吃。

有些人會問，若母奶不足可以提早吃副食品嗎？建議最好不要讓這情況發生喔！因為寶寶腸子未發育好，不一定能吸收，也容易引起過敏反應。但如果有特殊狀態無法餵母奶，則可改用配方奶，若喝配方奶出現過敏反應，像脹氣、拉肚子或皮膚過敏等狀況，則改用水解配方奶。

離乳進入副食品階段

(1)寶寶若突然厭奶，喝的量變少時：

媽媽要先回想最近三天吃了什麼，因為餵母奶的媽媽若吃到不對的東西，會讓母奶味道不對，寶寶就可能會突然厭奶。

(2)離乳進入副食品的挑選原則（只是大原則，因每個寶寶狀況不同）

❶若要提早給副食品，最快要等寶寶六個月之後。

❷不管是餵母奶或配方奶，先做米糊（用生米煮成粥，如十倍粥）。因為直接將奶改成粥寶寶會不吃，所以如果一餐寶寶是喝120c.c.的奶，為了轉換，過渡期先讓寶寶可以接受口感，先把120c.c.的奶量分成5等份，慢慢增加米湯的份量，每隔三天換一次比例，約試半個月。例如1份米湯配4份奶→2份米湯配3份奶→3份米湯配2份奶→4份米湯配1份奶，每隔三天按照這個順序更換比例，之後就可

以1頓米糊1頓奶了。

❸六～七個月：可以餵食米糊＋母奶（母奶可以讓寶寶攝取到蛋白質與脂肪）、米糊＋一種蔬菜泥（根莖類如蓮子，乾燥或新鮮皆可；或是蛋白質量高的菜，也可做成泥）。一種菜至少餵一星期，然後觀察寶寶有無過敏反應，注意寶寶有無脹氣、安定程度、皮膚過敏……等不舒服的狀況。若連試三天寶寶都不吃，或吃得少時就先暫停，但寶寶現在不喜歡吃，並不代表他以後不會愛吃這個食物喔！

❹九～十個月：此時寶寶長牙了，才能吃肉。休養雞湯不放雞腳、去油不加菜，煮粥（可以煮濃度高一點）搭配方式如下：

一餐粥加菜泥（選寶寶曾吃過安全的菜）

一餐粥加肉（白肉魚，如鱈魚）

一餐粥加豬絞肉（到市場買豬絞肉請攤販至少打三次至呈肉泥狀）

不過要注意，一次一種蛋白質就好，分開攝取；菜和肉要分開，才能觀察寶寶對肉的反應，如果菜和肉混在一起餵，有狀況時難找原因。

至於九～十個月的寶寶可以吃多少肉呢？要看寶寶胃口，一天20～40 g都可以，因為每個寶寶消化能力不同，去觀察寶寶排便，如果便便較稀或便秘，表示消化能力較差，需要再做調整；九個月以後就可以試葉菜類了，而蔬菜的量，剛開始可以用大人的一半份量試試，最多吃到和大人一樣的量。

不過，九～十個月這階段菜要和肉分開吃一個月，十個月以後才可以混在一起吃及更換菜色。

❺十一個月：

可以吃水餃（有肉有菜有澱粉），麵食類要切碎切斷。

可吃的餐食例如：

蔬菜粥＋絞肉（魚肉）

馬鈴薯肉餅＋澱粉

碗豆肉餅＋澱粉
紅蘿蔔肉餅＋澱粉
香菇肉燥拌烏龍麵

❻蔬菜部份，一歲以下可以用大人的一半份量試試，視寶寶胃口調整，最多吃到和大人一樣的量。

❼一歲後就可以跟著大人一樣吃擇食餐，剛開始先試1～2種菜去觀察。寶寶身高120cm以下時，一天一種蛋白質最多40g；三到四歲後，若身高超過120cm就按照公式吃蛋白質。

❽甜味的東西、較甜的水果最快一歲後或一歲半再吃。

❾建議一歲半以後食物才可調味。若太快調味寶寶會容易挑嘴，且寶寶一歲半前內臟功能尚未發展成熟也不適合。

❿ 一歲半後加入水果，和大人一樣跟著大人擇食吃法一起吃，但不一定要每天喝擇食雞湯，如果要喝，以清蔬休養雞湯為主，一週2～3次。

⓫ 麵包、貝果等發酵物，等寶寶一歲後腸道發育好後再吃。

⓬ 如果媽媽孕期、哺乳期有認真忌口蛋類，寶寶一歲半後可以嘗試一週吃1～2次蛋製品，觀察是否有過敏反應如脹氣、拉肚子、羊屎便、皮膚過敏、容易哭鬧等。

2. 寶寶七～八個月時還在吃菜的階段，如何攝取蛋白質及鈣質？

蛋白質含量高的食物	鈣質含量高的食物
綠豆（較寒，但夏天可以吃一點）	綠豆
紅豆	燕麥（至少一歲後，因為麥類屬高敏性食物，無皮膚過敏的人偶爾也可以吃燕麥粥）
豌豆	芥蘭菜
皇帝豆	乾香菇（自己泡發）

蛋白質含量高的食物	鈣質含量高的食物
黑木耳（乾的，自己泡發） ＊註：白木耳較寒	黑木耳（乾的，自己泡發）
杏仁（蒸熟弄碎打成粉）	杏仁
榛果（蛋白質和鈣含量是堅果中最高的）	榛果
核桃	油菜
開心果	紫紅色莧菜
蓮子（乾燥或新鮮皆可，蒸熟做成泥）	蓮子
紫菜／昆布（要選未調味的拌入粥，偏寒）	海帶、紫菜
花生仁（要新鮮的，寶寶可吃水煮花生碎弄成糊）	紅棗（偶爾吃，泡發後蒸熟去皮，因為皮不好消化）
＊註：堅果類皆可蒸熟弄碎打成粉拌入粥（大人要吃的話，可以放水蓋過堅果蒸熟，或水煮後再烤一下）	高麗菜
	空心菜 ＊註：葉菜類要切很碎
	蛤蜊肉（一歲後無皮膚過敏者） ＊註：會便秘者只能喝湯不吃肉

“真人實例”

個案1

老師您好，我現在年齡大約37歲左右，結婚10年都沒小孩，懷孕2次都沒結果。第一胎最傷，36週時，小孩只有1600g，催生後小孩沒心跳引產，第二胎11週流產。家人認為是未滿三個月就說出來的原因。

個性上很容易壓抑自已，習慣用笑聲來掩飾自已心慌或難過情緒。還有不知道是不是因為甲狀腺問題，說話很急、話很多？自覺情緒上很需要人傾聽、支持。

邱老師分析

1. 三個月前不說，應該是基於保護孕婦的心理（三個月不公開是有保護孕婦心理狀態的作用，因為有些孕婦內在還沒有準備好要迎接寶寶，可能只是因為老公期望等其他因素才懷孕；或身體狀況其實還沒準備好可以讓胎兒正常發育等，所以在胎兒穩定前先不公開。假使小產也不致於承受太多親友關切。）還有，前三個月不提重物，不要給身體和情緒壓力，要放輕鬆，不穿高跟鞋。

2. 胎兒的狀況：受精卵結合時就已經決定這個胎兒能否正常發育，後期小產可能是身體子宮狀態不良，或者是物競天擇的情形下，胎兒不健全導致小產。

3. 寶寶會自己選擇來到世界的時間。如果在身體、內在還沒準備好的狀況下，寶寶也有可能還沒準備好。因此問自己，我已經準備好了嗎？迎接懷孕、迎接小孩，是很重要的事。

4. 調整心態：從這些變故、這件事裡學習到什麼？下一次是否可以做得更好？自己的身體是否已經調整到適合懷孕的狀態？心智是否成熟到可以擔負成為母親後可能有的挫折呢？

個案2

我是個音樂老師，之前身兼2份工作，情緒常與身體狀況交叉影響，2年前就開始接觸擇食。之前有腋下疼痛問題，醫生診斷為淋巴結良性發炎，吃藥訪遍名醫都沒效，陰天下雨、壓力大時就會發作。去年開始備孕，結果有天突然腰痛，神經痛到完全無法轉身，趴倒在地上，所以那陣子無法提重物也不能懷孕；一個月後仍然無法順利轉身。後來就又去看婦產科，結果因為連幾個月都沒懷孕，後來吃排卵藥才順利懷孕，不過也因此孕期三個月體重就多了4公斤。

之前醫師覺得小孩吃太多，體重比一般胎兒重了1週左右（但老師說寶寶重量超前1週很正常），要我少吃，也讓我很沮喪。體重變化的情形是，懷孕三個月50～54公斤。目前七個月是55.6公斤，完全照擇食方式吃，只吃三餐，不吃進其他食物。這四個月來只多1.6公斤。

邱老師分析

出現腋下疼痛，是否有情緒問題，都要做別人不願意做的事情？因為腰、腋下都是「身體受力」的地方。持續性的疼痛，是否因為承受太多壓力？還可以檢視一下，是不是有什麼讓妳對未來覺得沒安全感？自己心理有準備好了嗎？因為情緒與身體的互動頻繁且明顯，疼痛產生都與情緒壓力有關，這個情緒也是自己製造的。

至於小孩（胎兒）體重問題，可以多溝通請他少吃一點、慢慢吸收營養。另外也是因為感覺到媽媽有壓力、煩惱，小孩也產生壓力與不安全感，認為自己必須多吃一點，怕媽媽哪一天會不要他（因為孕婦的情緒會影響到孩子，人有情緒時身體本能便會多囤積糧食，以防萬一）。要每天都和寶寶溝通，告訴他吸收營養這件事要慢慢來，否則到時媽媽生你時會不舒服哦！

可以多跟小孩溝通，小孩在受孕時靈性就與母親同在。老師曾有個案是孕婦的肚子都偏一邊，因為小孩都一直橫躺著，媽媽身體非常不舒服。老師摸摸媽媽肚子就跟小孩說，「寶寶可以移個位子嗎？媽媽身體很不舒服，我們換個位子好不好？」這位媽媽就發現

「小孩開始動了耶！」。所以也建議妳多跟小孩溝通喔！

個案3

我今年36歲，懷了頭一胎，目前是35週，胎頭還沒下來，很擔心必須剖腹產。我現在在育兒園工作，一天必須面對照顧20多個小朋友，有大有小，因為體力消耗大，飯量吃很多。之前身體有上火情形、身體太寒，但擇食後孕期沒有任何不適症狀，進入34週時，工作到下班就有下肢疼痛、腫的問題（醫生説沒有水腫。腳有足弓緊繃，足心會痛）。

邱老師分析

自然產一般都是38週。35週時頭還沒下來是正常的，37～38週時沒下來才要擔心。胎頭還沒下來也不要太緊張，可以多跟寶寶講講話溝通，每天把手放在肚子上摸摸寶寶的頭，跟他説話並引導他，叫他跟著媽媽的手慢慢下來，因為媽媽不希望肚子上開一刀。

足弓緊繃情形，應該是吃到影響神經的食物，鈣也補充不夠。以妳的工作量來說，體力消耗非常大，飯吃多正常。可以在中午吃2顆鈣片（即午餐多吃1顆），或者是午餐後間隔2小時再吃一顆。如果體力消耗大，可以在用餐間隔3～4小時補一個小餐（麵包或是小點、肉、飯）。

邱老師Q&A時間

婦科疾病

Q 子宮肌瘤剛手術完可否照著擇食吃呢？

A 手術前和手術後第一個月，首烏雞湯的參鬚要去掉；薑汁則要在手術前一星期停用。

術後第一個月可以開始喝第一帖制首烏雞湯（要去參鬚）。還有避免攝取奶蛋類、黃豆製品、魚類、筍乾食物。山藥因對婦科問題有影響，也應於這段時間內避免。魚類含的荷爾蒙則對婦科肌瘤問題有影響，若要吃的話儘量在中午吃，並且少量攝取。

另外，記得手術後多休息，半年內不要提重物喔！

Q 有經痛問題該怎麼辦？

A 很多女生有經痛的問題，如果是悶脹痛伴隨偶爾抽刺痛，或經期腰痠，認真喝薑汁可以緩解，但請注意，經血量大的人，經期要停喝。如果是劇烈疼痛，就建議做婦科檢查，看看是否有子宮肌腺瘤或子宮內膜異位。請記得生食、冰品、上火食物、寒性食物是女人美麗的大敵。至於孕婦正常情況下可以喝薑汁，但請記得生產前一個月就要先暫停喔！

Q 討厭，經痛又犯了！喝了一個月雞湯原本不痛了怎麼又痛了呢？想想這三天紅豆茯苓湯喝多了些，肚子有點怪怪，不知跟經痛有無關係？生理期間不能喝紅豆茯苓湯嗎？還是我自家煮的制首烏雞湯份量太濃，太刺激了？好討厭經痛與腹痛，連跑8趟廁所……往好處想這樣會瘦吧？

A 經期可以喝紅豆湯啊！經痛有可能是吃到寒性或影響神經的食物；或是開始吃優質蛋白，心臟開始有力，子宮開始收縮力量變大，如果是後者，這種狀況一段時間後就會改善了！

Q 月子湯適合的對象？

A 如果妳已經超過18歲，跟邱老師一樣是太平公主一掛的，除了認命就只能期待懷孕生小孩時，好好坐月子喝月子湯發奶來二次發育了。平常千萬不要亂吃含激素的食品，可能反而有婦科長腫瘤的風險喔！

詳細執行的法則請參考《擇食》，想要擇食又不知道怎麼吃的朋友可以參考本書中的月子餐來吃。月子湯的部份適合正在做月子、哺乳的媽媽們，還有青春期到18歲左右正在發育的少女們（一星期可吃2～3次，不過要注意不要補過頭，反而會刺激乳腺增生或發炎喔！）。

Q 有婦科問題（腫瘤、乳腺增生等）的人，四神雞湯中的淮山是否需要替換？

A 是不用的噢，因為雞湯中的淮山只是微量攝取。但日常飲食還是要注意忌口，即使切掉腫瘤後，也要忌口，以防復發。

邱老師小叮嚀

有婦科問題的人也是天天可以喝薑汁、雞湯、紅豆茯苓蓮子湯的。若想變換口味，也可以在紅豆茯苓蓮子湯裏加紅棗，但要去籽喔！

Q 本身黃體素不足該怎麼辦呢？

A 一般而言，黃體素不足與內分泌失調有關，內分泌失調與上火或體質太寒有關，認真從忌口寒性和上火食物下手，三餐認真擇食，身體有自我療癒功能，調理要有恆心毅力，長期去做才能看到效果。

Q 有子宮內膜異位的人，可以每天喝薑汁嗎？或每天菜裡加薑絲？

A 可以，記得老薑要去皮喔！還有認真忌口上火食物。

Q 有巧克力囊腫和子宮肌瘤的人（未懷孕）喝這四帖雞湯可以嗎？

A 可以，不過經血量大的人，要觀察喝第一帖時血量如有變多就要暫停，改喝第二帖，等到經期結束後再回來喝第一帖。

Q 喝牛奶易得卵巢癌?!那其他食材呢？

A 荷爾蒙跟子宮腫瘤都有相關聯，有子宮肌瘤的人也儘量避免吃魚，建議把魚肉改到中午吃。關於魚肉跟荷爾蒙的問題，是因為現在很多養殖業者為了增加產量，圈養的數量變多（例如鱸魚、七星鱸、金目鱸、虱目魚等等），一個池塘養了上萬條魚，不讓牠們生病，又要將牠們養肥養大的方式就必須投藥。餵荷爾蒙是要讓魚長大一點賣相好。這些魚現在在市場都很便宜，一大尾90~100元，但是吃起來土味很重。

台灣對一些開過刀、有外傷的人都會建議吃鱸魚加速傷口復原。適度吃OK，但選魚的時候還是多注意喔！海魚這一類的問題比較少，但大型遠洋魚類如鮪魚等，可能因為食物鏈而有重金屬汞污染，必須小心。最重要還是要忌口容易引發婦科腫瘤的蛋類、奶類、黃豆類製品及竹筍類。

Q 婦科發炎，真的是女人一輩子的痛啊！想請老師分享一下對婦科發炎的擇食方法。

A 陰道發炎感染，是因為自體免疫系統衰弱；因為體寒，所以血流速度太慢，造成內臟得不到足夠的氧氣與養分，內臟就會慢性衰退，造成免疫功能下降，自體免疫系統就會變弱容易感染。另一個因素則是男性衛生問題……間接造成女性私處的感染。建議大家要努力忌口冰品、生食、寒性食物、上火食物、蛋類製品，認真吃優質蛋白、薑汁與雞湯喔！另外，牛肉易上火，也容易造成婦科發炎，要嚴格忌口。還有，認真喝水不憋尿，適度補充蔓越莓乾也有助於女性泌尿道的健康。

Q 胖胖的女生（155／86公斤）很想懷孕，減重跟調身體那個要先做呢？還是雙管齊下？

A 還是要先調體質和瘦下來喔！畢竟體重過重懷孕是妊娠高血壓及糖尿病的高危險群啊！

Q 有朋友說薑會活血，不宜胚胎著床，期待能受孕想問清楚。

A 活血跟胚胎著床完全兩碼事啊～

Q 想請教第三週的天麻枸杞雞湯懷孕不宜，但是剛好是危險期想受孕。所以只要還沒確定懷孕前都可以喝嗎？

A 天麻雞湯確定懷孕後再停喝還來得及，不用矯枉過正啦！孕婦就算喝到有參鬚的雞湯，如果不是長期、大劑量地喝，都還好。孕婦不建議喝有參鬚的湯，只是因為人參有活血的功能，如果本身有出血，有可能有增加出血量的風險，不代表一定會怎樣喔！

Q **我只要開始準備受孕都會很成功的立即懷孕，但這兩次都是在7、8週時出血，到醫院檢查就發現胚胎萎縮無心跳而動手術拿掉；醫生說二次小產即是習慣性流產，且小產很常見是查不到原因的。並說下次若又有了，初期會開微劑量的阿斯匹靈＋抗生素＋黃體素給我吃（說是降低母體的抵抗力以免與胚胎產生排斥）。但我明明有生了一個寶寶了啊（第一胎是個健康寶寶）！想請問這個情形是缺少何種營養素嗎？還是體質所導致？**

A 第二胎的懷孕時間，建議是從第一胎生完後過兩年再開始準備懷孕，小產完要等半年再準備懷孕。妳生完第一胎，不到兩年小產兩次，母體耗損很大喔～建議妳認真擇食，避孕至少半年之後再準備懷孕比較好！

Q **由於自己除了多囊性卵巢外還有皮膚過敏、甲狀腺低下及血壓微低（約95／55）的問題，先生也有鼻子過敏，家中不能碰的蔬菜很多，目前僅以各式菇類、洋蔥、紅蘿蔔、黑木耳、茭白筍（午餐）搭配使用，常常一週餐食內容單項菜容易超過三次，大約每天**

都會碰到一次菇類或是木耳，很怕這樣長久是否會痛風？但選項實在太少，不知我這樣的飲食搭配是否正確？在外飲食偶爾會破戒碰到高麗菜跟花椰菜（甲狀腺病人不應該食用……）

另外，因為要調整懷孕體質，目前有搭配中藥水藥及藥粉，前兩個月也有吃排卵藥。因為這半年不知為何體重一直緩緩增加，變胖3公斤，體態臃腫不像最初擇食緊實，所以一餐只吃半碗飯並多吃紅豆湯，不知道這樣做是對的嗎？

A 蔬菜的話，空心菜、莧菜、碗豆、甜豆、青椒都可以吃啊！

還要提醒妳，排卵藥會讓身體水腫喔！真的很不建議吃排卵藥或打排卵針來懷孕，身體機能沒調好，就算強制懷孕，孕期也會很辛苦，還有以後乳房腫瘤的風險！我也有不少多囊性卵巢症候群的學生，擇食一段時間後，身體機能就回復正常，也自然懷孕了。身體出狀況，妳可以看成是一種懲罰，也可以看成是老天爺在提醒妳，飲食習慣跟生活模式需要做調整了……確實去做，就可以活出新的人生～祝福妳！

Q 這幾天不知是否停了晚上吃鈣的關係，又開始恢復半年前每晚大概三、四點固定醒來的問題，晚上也要躺更久才能睡著（擇食餐都有乖乖吃，也沒碰任何含咖啡因飲料），我可以再重新一天吃4次鈣嗎？建議大概多久後再自己停掉晚上這一次，來檢測是否已經沒有睡眠問題呢？

另外，吃中藥調養懷孕身體是否也會造成水腫？擇食後身體緊實瘦到腰線明顯，但後來吃藥調養的八個月，增加的3公斤卻連使用擇食的瘦身方法也瘦不下來，感覺很沮喪～

A 我不清楚妳吃的中藥無法判斷，妳應該要跟妳的中醫討論才對呀！要改善失眠的狀況，鈣片還是先一天4次，等狀況穩定半年後再改成3次。

另外，吃排卵藥一定會水腫的，停吃以後也要三個月到半年才會慢慢消腫喔！

0～12週

Q 朋友懷孕初期早上不會孕吐，但每到晚上就有噁心感，有什麼方法可以緩解？飲食上有什麼該注意的嗎？（她都有乖乖擇食）

A 早點睡，睡前吃2～3片蘇打餅乾試試看。

Q 才擇食幾天就發現自己懷孕了，目前6週3天，但反胃噁心想吐（但吐不出來）已經找上我了，而且吃不太下東西、沒食欲，要怎麼處理呢？

A 趕快補充檸檬酸鈣1000毫克，早中晚餐後各1粒。

Q 時常感覺手腳冰冷，或過敏一犯就覺得身體寒冷，而且懷孕後卡痰較平常更嚴重，該怎麼辦？

A 有可能是體質太寒，青蔥、柑橘類（包括橘子、柳丁、葡萄柚、柚子、檸檬、金桔、香吉士）、四季豆都不能吃，還要再避免寒性及上火食物，還有記得除了水果以外，不吃生食、冰品。

Q 懷孕期間在保養上有什麼需要注意的事項嗎？

A 愛美的孕產婦注意不要使用含以下成分的護膚化妝品：

1. 含激素、荷爾蒙的。
2. 可能引起孕婦身體不適、子宮收縮、不正常出血的某些精油成分，比如月見草、小茴香、蒔蘿、大茴香、天竺葵、牛膝草、杜松、薰衣草、檸檬香茅、馬鬱蘭、香風草、肉豆蔻皮、迷迭香、百里香、洋甘菊、茉莉、玫瑰。

Q 懷孕噁心會是薑汁引起嗎？

A 建議妳看看自己體質現在有沒有上火，是不是因為上火造成內分泌不平衡而引起噁心的狀況。

Q 孕婦孕期產生胎毒的原因？

A 因為上火食物吃太多，小孩出生容易皮膚不好。

Q 會害喜和有孕斑的原因？

A 源頭是肝火。

Q 目前害喜狀況是沒有食慾，但發現雞湯加醋後比較能開味。不過我也聽老師說果醋是寒性的，因此吃火鍋可以沾醬油或烏醋。如果我的飲食中加入烏醋是否不妥呢？

A 烏醋可以加一點。現在會害喜表示妳的身體在上火，所以要認真擇食，完全忌口，害喜要從根本解決，就是處理掉妳上火的狀態，而不是治標的使用酸來抑制。

13～24週

Q 目前懷孕13週，應該要補充膠質了，雞腳可以接受，但是豬皮是從小就不吃的東西，可以補充膠原蛋白粉嗎？

A 不建議吃膠原蛋白粉，因為在我的經驗裡，有碰到攝取後皮膚過敏或便秘的情況。可以用豬腳筋或牛筋、海參、花膠來補充膠質。

Q 目前懷孕第三胎，四個月左右，現在照顧一家四口的飲食有時覺得疲累，老公盡量跟擇食菜單做，小孩分別是2歲跟3歲，所以沒特別跟著擇食。現在感覺很多時間放在食材處理上面，尤其是雞湯，想請教怎樣可以同時處理家人的餐點又比較輕鬆？

A 建議妳先做需時較久的料理，比方說先把飯放進電鍋蒸；水果放進容器放滿水後，把水關小讓它沖水；瓦斯爐上一鍋裝清水，一鍋裝雞湯，等清水滾了涮肉片，另一鍋雞湯應該也滾了，裝進碗裡，肉片也涮好了，這時飯應該蒸好了。可以叫大小朋友吃飯，再花個5分鐘把水果洗洗切切，除非妳還打算雕花，否則妳就可以吃早餐了！另外，建議妳在做這些事時，請老公幫妳把薑汁泡好，這個流程當妳做熟了，不會超過10～15分鐘，學會理出先後順序，就可以同時處理很多事了，用在職場上也是如此喔！

Q 我的親戚好友目前有7個懷孕，其中一個現在14週，擇食開始2週。體重一直沒增加過，因為一直處於害喜狀態，食量很差，特別是早上，吃完早餐通常會噁心很久，都得躺下來才會緩解！所以肉量無法達到老師要求。羊肉火鍋片一拿出來聞到就吐、膠質的東西更是不敢吃，怎麼辦啊?!

A 多休息少操勞，有資深學姐分享薑泥炒飯不錯，若是吃得下也可以吃點，不會整個孕期都這樣，讓她保持心情愉快也很重要。

寒性或陰虛火旺的人比較容易害喜明顯。多休息、聽放鬆的音樂，一般過三～四個月後會比較穩定，現在先少量多餐不要勉强，等穩定後再認真趕進度就好。我不太講害喜的事是因為我調的孕婦都沒害喜啊！所以一直强調先把體質調好再懷孕嘛！

Q 第二胎懷孕15週了，最近一直被睡眠問題困擾，淺眠、早醒，其實第一胎就睡不太好了，擇食大概快一個月了，檸檬酸鈣也都有增加劑量吃，最近雖然入睡不算太困難，卻都一大早約五、六點就起床。今天更誇張，凌晨四點就起床了，醒了之後就怎麼也睡不著，只好起來煮擇食早餐（嘆）。我知道茯苓有安神的效果，不過現在人在美國華人很少的地方，所以買不到茯苓，不知道有沒有任何辦法可以拯救被失眠困擾的孕婦？

A 檸檬酸鈣的劑量是多少？如果是1000毫克的話，加到一天4次（正常三餐＋睡前1次）。先看看檸檬酸鈣背面的純鈣成份說明，一顆的純鈣量多少？檸檬酸鈣一顆1000毫克的純鈣成份是200毫克。人正常一天要吃到800～1000毫克的純鈣。所以會建議服用3～4次，再加上食物中攝取的鈣大約就足夠1000毫克了。先看背面的純鈣成份，換算到吃進800毫克純鈣的量，應該會改善喔！另外，心臟無力睡眠時間會縮短，優質蛋白吃得夠嗎？

Q 孕婦如何選擇放鬆的音樂？

A 西藏頌缽，孕婦要小心聽，因為它的波動可能會刺激到寶寶，不過也有寶寶喜歡聽的；還可以試試水晶鉢或大提琴的樂音來舒緩。

由於頌鉢的聲波按摩能量極强，對身心有極佳的放鬆效果，因此建議妳在聆聽時：

1. 選擇一個不被打擾的環境，放鬆身心。
2. 用身體去感覺聲波的振動，讓身體的每個細胞，都能盡情享受頌鉢的聲波滋潤，達到最佳的頌鉢SPA效果。
3. 請勿在需要專注心神時聆聽。

Q 我目前孕期23週，一天吃4次鈣片，也有認真擇食，早上起床還是會抽筋？不知是不是吃不夠？

A 有沒有平躺或是右側臥睡？有同學之前也有過這種情況，改為固定左側睡後就好很多。

Q 我剛剛六個月產檢回來，正在忐忑。今天妊娠糖尿檢查數值為150（超出正常50），如果我水果的量已經嚴格控制，還有哪些需要特別注意呢？寶寶目前還是超重1週，我上個月超努力的，真是小

小難過。

A 控制澱粉量，盡量吃隔夜再加熱的飯，不要吃麵包，要慢慢吃，每一口咀嚼30下。水果挑糖分低一點的，像奇異果、蘋果等，跟寶寶溝通吃慢一點就好了！小問題，放輕鬆就好！

Q 產檢醫生說妊娠血糖沒過，寶寶也比一般小孩重1週左右，要媽媽少吃……可是都已經照瘦孕份量吃了，沒辦法減量了。

A 24週後，35歲以上，或35歲以下但長期吃很快的人，孕期會有高血壓和糖尿病的風險！妊娠血糖過高需要克制澱粉量，而且每一口一定要咬30下，因為吃越快血糖會跟著急劇升高，建議盡量吃隔夜再稍微加熱的米飯。

Q 我懷孕六個月了，額頭跟嘴巴周圍一直都長痘痘，請問有什麼辦法能消痘？

A 關於粉刺，要忌口的是蛋類、奶類、蒜頭、蒜苗、韭菜、韭黃、蝦子、蝦米。分享我多年諮商的經驗：青春痘的問題，一定要忌口黃豆製品和高温油炸、燒烤、炭烤、烘焙、爆炒及上火食物。

Q **請問我目前採用瘦孕的飲食法，懷孕24週體重51.2公斤，比懷孕前增加約4公斤，今天去產檢寶寶800公克左右（發育正常），但醫生說我太瘦要我增肥，請問我在飲食上還要注意什麼呢？**

A 目前妳的體重應該是增加3公斤。妳已經超重1公斤了，再增肥，產後瘦身費用醫生要幫妳出嗎？

Q **我擇食兩年了，目前懷孕六個月雙胞胎。大約在五個月開始有子宮收縮現象，由於是第一胎就以為是正常的，不以為意。但是前幾天變嚴重頻繁所以掛急診目前住院安胎中。剛剛才發現老師有說宮縮不要喝薑汁。想請問還有其他需要注意或補充的嗎？謝謝麻煩了。**

A 要注意鈣片的補充是不是不夠？這個時候應該是檸檬酸鈣1000毫克一天4次，另外也要嚴格忌口寒性、上火，尤其是影響神經的食物喔。祝福妳安胎順利！

25～36週

Q 最近身旁兩個好友在懷孕後期都有妊娠高血壓的症狀，一個是母親有高血壓，另一好友家族無高血壓病史；但到底為何後期會產生這個症狀呢？和飲食有關還是遺傳？

A 如果是因為肥胖、體重超標引起的高血壓，那就檢查是不是上火、水腫以及澱粉類攝取過多？體重過輕的人也容易有妊娠高血壓的症狀喔！

Q 我目前是懷孕第26週的媽媽，第二胎了。懷第一胎時，有妊娠毒血的狀況，水腫、高血壓的症狀一直到產後兩週才消，尿蛋白甚至到半年後的健檢還是過高。所以懷第二胎，深怕情形重演，看到瘦孕上的食譜，立刻開始執行。開始喝薑汁、雞湯也已經兩個月了吧！直到2週前，體重都沒變哦！不過上週真的吃太多不能吃的東西：巧克力牛奶、茶飲料、蛋、滷肉……太多了記不得，胖了3公斤，嚇！希望接下來的1週趕快調整，可以回復。

A 妳不乖喔……吃這麼多違禁品！！第一胎有妊娠毒血的狀況，

及水腫、高血壓的症狀，代表妳體質應該是不大好的（身體狀況已經不佳），還是乖乖認真擇食吧！把體質打好，以後要帶2個小孩才會有體力戰鬥啊！

妊娠糖尿多半是後天的。妳第一胎已經是這樣了，代表身體已經變差了。澱粉類一定要控制不要過量。上火、太寒的食物不要吃，記得把身體調溫暖。吃了也沒營養的東西（蛋糕、飲料）當然是不行的啊！滷肉是劣質蛋白，會引起酸毒、身體器官老化。一個人要老了一樣健康有活力，30～50歲怎麼吃是關鍵。

如果妳已經有妊娠毒血的狀況，腹中胎兒的狀況也會比一般胎兒來得不穩定。小孩的體質是媽媽吃進去的東西養成的，為了你自己與小孩好，請認真忌口吧！

Q 孕前，我沒有排便的困擾，但孕期我卻深受便秘所苦！近兩個月，我開始把水果量、鮮奶飲用加倍，才比較改善。想請問這個改善方式OK嗎？或是應該怎麼做會更好呢？

A

妳的問題有幾種可能：

1. 懷孕時優質蛋白不足，導致心臟無力，腸子蠕動變慢，所以沒有便意。

2. 胎兒太大，子宮往下壓迫腸子，造成腸子蠕動變慢，也會沒有便意。

3. 之前沒在忌口奶蛋類及上腸火食物，腸子上火，羊屎便不好上，或有便意大不出來。

4. 最慘！以上皆中。現在只能建議，該忌口的認真忌口，該吃的認真吃，晚餐1小時後出去散散步吧！

邱老師小叮嚀

為什麼一直要求大家注意控制體重？因為如果子宮被撐得太大，容易造成子宮懸帶鬆弛，產後往下壓迫腸子及膀胱，有人產後容易漏尿就是這樣來的！

Q

我目前35週，已擇食2星期，但昨天宮縮很久，去醫院醫生說我宮縮不正常，先開安胎藥給我，怕我會提早卸貨，想請問這樣早上的薑汁還可以喝嗎？之前有醫生說薑會促進血液循環和宮縮，我還是有用薑汁醬油入菜，擇食後身體精神有比較好，也瘦了2公斤（寶貝沒瘦到），但這幾天淺眠，總覺得點胸悶無力，又一點手抖，這是身體在修復嗎？還是其他呢？

A 孕婦正常情況下可以喝薑汁，但請記得生產前一個月就要先暫停。如果有出血或是宮縮，溫薑汁要先停；鈣質要先補夠，嚴格忌口寒性、上火、及影響神經的食物，情緒上也要盡量放鬆喔！

Q 我是在產前最後兩個月左右才接觸到擇食瘦孕！開始多吃火鍋肉片＋雞湯，最大的改善是：減輕便秘情形。但最近開始會輕微水腫了，不大舒服。我還用紅豆茯苓湯取代晚餐的澱粉。結果是，晚餐到睡前都沒什麼排尿，半夜卻會起來上廁所2～3次！睡眠品質因此不大好，累……

A 紅豆茯苓蓮子湯消水腫的效果主要是在料上面，而且早餐吃效果最好。所以妳不妨改成取代早餐的澱粉試試看。孕婦的膀胱本來就會壓到，晚上喝太多水分的話可能就會有影響的。

懷孕後期若有水腫狀況請檢視：

1.優質蛋白攝取是否充足。

2.葉菜、水果過量或下午4點後有食用葉菜、水果。

3.水分補充不足或者過量（冬季攝取1800 c.c.；夏季則是2000 c.c.，若有劇烈運動或流汗量大，可多補充200～300 c.c.，晚上9點過後克制飲水量）。水分補充的正確方式是小口含著慢慢喝下，牛飲的方式容易留不住水份造成水腫。還有關於晚上睡眠品質不好的問題，請問妳孕期鈣有吃夠嗎？一天吃4次喔！

Q 有朋友孕期晚上睡覺會盜汗的症狀，到後期更嚴重，是體寒上火造成的嗎？

A 基礎體質要先調啦！她是先體寒然後陰虛火旺，然後肝火引起腎虛。半夜盜汗有可能長期體質虛寒，陰虛火旺引起自律神經失調，也可能再往下走……甲亢了！

Q 這禮拜去醫院產檢，醫生說我確定有妊娠糖尿，開始測一個禮拜的血糖，現在我懷孕29週。醫生讓我看營養師，飲食控制看血糖可否能控制下來，叫我照營養師的吃法。我用瘦孕的方法吃，可是

我飯後2小時的血糖都超過正常120以上，應該怎麼做比較好呢？還是說如果照瘦孕的吃法，血糖還是沒下來，我就照醫生的說法照營養師的吃法呢？或是就打胰島素或吃藥？

A 吃飯速度呢？每一口食物確實要嚼30下。澱粉不要吃吐司，可以用糙米或胚芽米和燕麥1：1泡2小時後再煮，煮好後分裝小包，放冰箱冷凍一夜，再放冷藏退冰再加熱，或直接加熱，一餐約吃半碗，最多不超過一碗。

水果還是要吃，選含糖量較低的，像奇異果、百香果、香蕉、芭樂、火龍果、蘋果（這是非常時期，不代表所有人都能吃芭樂，火龍果）。水果一定要吃，不然過一陣子妳要嚴重便祕了！

特別注意，不要量完血糖後再吃東西，絕對不能熬夜，最好10點前睡著。而且懷孕前體重過重或過輕，都是妊娠糖尿病的高危險群，要特別注意體重控管！只要吃快和晚睡，血糖不可能降，要特別注意！

產前一個月

Q 寶寶的體質應該是透過媽媽吃進去的東西吸收建立的，所以寶寶因為媽媽吃進的東西上火、體質上火這也是肯定會的。想請問吃進去的上火食物是否也會造成寶寶水腫而使寶寶過重呢？（感覺是虛胖、水腫造成的過重……）

A 媽媽亂吃，寶寶虛胖囉！這樣的寶寶以後可能會是易胖體質喔！因為肥胖細胞被餵大了。

Q 請問如果吃飯時間還沒到但肚子餓了，我可以吃什麼？有時候餓到快低血糖。醫生說小孩3200克，要我少吃甜的東西，可是我都沒碰任何甜食呀！

A 吃飯時間沒到，肚子餓的話可以泡一碗大燕麥片，但是要注意，不要喝那種三合一的即溶麥片喔！

Q 因為我的第一胎是巨嬰4180克，滿足月生，不過那時沒有擇食，希望這一胎的寶寶不會很大。還有我半夜會起來尿尿4次，應該是

正常現象吧！還是因為後期的原因嗎？

A 體質太寒和後期胎兒大，跟子宮壓迫膀胱也有關，睡前2～3小時別喝太多水。

Q 請問到醫院生產時，做子宮推壓及打催產素會對寶寶不好嗎？

A 可以避免的話，請告訴醫護人員妳不做子宮推壓及打催產素，因為這對媽媽身體、小孩的傷害太大了。寶寶的出生有他自己的節奏，除非已經對母體造成危險，否則請放鬆，跟隨收縮的節奏，讓寶寶用最自然和平的方式來到這世界。請在一開始選擇產科醫師時，先溝通好對生產的理念。要明確表達妳想要生產的方式，例如：不剪會陰，不催產，不打無痛分娩等，如果醫師不能配合，就另外找其他的醫師。

剖腹產

Q 剖腹產後到可以正常飲食之間要怎麼辦？只能什麼也不吃嗎？

A 剖腹產是排氣後才可以正常吃，而通常剖腹產後24小時會拔尿管，要下床走動幫助排氣。

Q 老師說剖腹產後可以喝3～7天的滴雞精，如果可以喝滴雞精的話，那不如直接喝老師的雞湯就好了？有無需要另外補充攝取幫助刀口恢復的保健品呢？

A
1. 滴雞精已經變胺基酸了，是人體最容易吸收的！身體狀況好的人也可以直接喝雞湯就好！
2. 優質蛋白和膠質就可以幫助剖腹產傷口復原，但不可以吃上火的東西（例如痲油）和蛋哦！上火的食物會讓傷口發炎，蛋可能會讓傷口蟹足腫、傷口會腫腫的。

Q 請問如果是剖腹產的話，老師的月子餐是不是一樣？

A 是的。

孕期飲食及其他

Q **請問老師，寶寶黃疸是正常的嗎？**

A 擇食瘦孕的寶寶，到目前為止，沒有出現過黃疸現象，其實跟孕媽媽懷孕時忌口上火食物有關，常會聽到說新生兒黃疸不是很正常嗎？不！絕對不正常，所以請各位正在懷孕的媽媽別再亂吃啦！

Q **想請問一下，老師說懷孕最好吃羊肉，不要吃牛肉，但鐵質的吸收怎麼辦？**

A 牛肉會上火，體質燥熱的人不大適合，牛肉對於肌瘤等問題也會造成更嚴重的情況。而且只要是紅肉都含鐵喔！

Q **孕期可以吃燕窩和珍珠粉嗎？**

A 1.燕窩可以，但不建議喝單瓶裝的，建議自己買回來發，只要用流動的過濾水泡2～3小時就發好了，再用熱水燙一下，放點紅棗，隔水蒸15分鐘就可以了。

2. 珍珠粉雖然可以去胎毒，但因為沿海重金屬汙染嚴重，大陸湖泊因為養鴨也有汙染所以不建議，媽媽只要孕期認真忌口，其實不會有胎毒問題。

Q 我想自己煮孕期湯第三帖：黨參山藥杏鮑菇雞湯，但是書上的藥材是兩餐份，如果1週7天的份量，這樣煮的時候中藥的份量要照7餐份加倍嗎？

A 瘦孕書上的藥材是兩餐份，先除以2，再乘以7就是1週份了。

黨參山藥杏鮑菇雞湯藥材重量換算起來是：黨參7錢（26.25克）＋枸杞一兩（37.5克）＋正北耆18片（19克）＋去籽紅棗25粒＋山藥42小塊（每6塊為半碗份量）。第二帖雞湯茯苓2～3大片約一兩37.5克。

Q 請問蕃薯白粥也可當成白飯嗎？有時好想吃粥哦！現在想煮孕期雞湯來喝，可用大同電鍋熬煮嗎？

A 大同電鍋煮雞湯改成內鍋7碗水、外鍋4杯量米杯的水；血糖正常、沒有脹氣的人可偶爾吃粥。

Q 請問孕婦可以喝水果醋嗎？老師有說過不要喝蜂蜜，那醋飲呢？

A 不建議喔，果醋非常寒涼。首先「醋」本身就是比較寒的東西，「果醋」的話就更寒，醋的話，只建議偶爾吃喔！

Q 需要喝媽媽奶粉嗎？好像滿多重要的營養，但邱老師說不要喝奶製品？

A 奶製品是容易造成過敏的原因之一，媽媽需要的營養可以從其他正常飲食中獲取，會比較好喔！

Q 大家都說孕期吃豆漿牛奶會讓寶寶皮膚白，多吃黑芝麻會讓寶寶頭髮多又黑。這些孕期也都要忌口嗎？

A 媽媽懷孕時如果忌口上火食物，寶寶的膚色會比較白，也比較不會皮膚過敏，很多黑芝麻是經過高溫炒香，反而會上火喔！

邱老師小叮嚀

上火食物容易加重孕期水腫，像燒烤、油炸食物，及辛香料如香油、辣椒等皆應避免；熱性水果如荔枝、榴槤，若已有上火現象如便祕或長痘痘，應忌口；寒性食物如生魚片、冰品，懷孕也應忌口。

Q **請問目前懷孕中，可以喝沒有冰的椰子水嗎？**

A 有中暑嗎？中暑解熱才可以，平時不建議喔！椰子水是寒涼的。

Q **孕期越到後期，優質蛋白質份量也增加，但我每次都吃不完，硬吃又好撐喔！會不會胖到自己？**

A 絕對會！可以把一天的優質蛋白量分成5份，三餐之外，在早、午餐中間，午、晚餐中間把另外2份吃掉。

Q 增加膠質的方式是？

A 吃滷豬皮，或是豬腳吃皮不吃肉，或吃豬蹄筋、牛筋、海參、花膠，每次半碗。

Q 請問孕婦吃素好嗎？會不會營養不足？

A 我其實不太建議吃素，尤其對孕婦來說。因為在我的經驗裡，孕期攝取肉類蛋白質和其他素食的蛋白質，效果還是差很多，牽涉到寶寶以後的體質。畢竟人是動物，不是植物，所以動物性蛋白質被人體分解吸收的程度會比植物性蛋白質來得高。

Q 請教關於孕期便秘問題？

A 孕婦便秘的原因很多，如果妳該忌口的都已經忌口了，還是有便秘的情況，有可能跟鈣質補充有關，因為鈣質不夠的話，腸子的蠕動速度會變慢，另外心臟無力、優質蛋白攝取不足或攝取不對也會蠕動變慢，後期肚子太大的話，子宮有可能會壓迫到腸子，腸子蠕動也會變慢，造成沒有便意的狀況。

邱老師小叮嚀

• 孕婦擇食後有時仍會有便秘的情況，可適時補充益生菌。另外每天可以多吃一份水果，但也要在下午4點以前吃完。

Q 孕期常頭痛的原因？

A 1. 體質太寒、腎虛、遇到劇烈情緒或氣溫變化血管收縮，血不上頭就會頭痛。

2. 吃到刺激神經的食物引起頭痛。

3. 孕婦缺鈣也會睡不好、淺眠、脾氣暴躁，需要補足鈣的攝取。

Q 聽說雙子宮的人懷孕時因為受到子宮空間的限制，所以寶寶不能太大，不然會有危險。如果依照邱老師的瘦孕餐執行的話，寶寶會不會因為營養充足而過大？

A 不會喔！一般足月的話大約3000～3200g。

坐月子相關

Q 月子水在月子中心如果沒辦法用明火煮的話，可以用浸泡的方式嗎？

A 可以在家煮好帶去給產婦喝，用浸泡的效果比較沒那麼好喔！

Q 想請問一下，原本月子水中藥材料是正北耆5錢，枸杞5錢，紅棗15顆，但去抓中藥的時候老闆建議改成正北耆1兩，枸杞5錢，紅棗15顆，當歸5錢，請問一下兩個的差別？這樣是否有什麼影響？

A 黃耆性微温，用量大有些人會上火，再加上市面上偽品很多，所以不建議用大量；當歸活血，產後還在排惡露的情況不建議用當歸，以免有出血不正常增加的情況。

Q 想知道18片正北耆的重量？

A 五錢，等於19克。

Q 請問老師提供的月子水什麼人不能喝？本身有肌瘤問題、經期量多，想在經期後喝可以嗎？

A 不是正在做月子的人不建議喝，是只有正在做月子和哺乳媽媽才喝！正常人想補血，就是吃紅肉優質蛋白質和吃水果，紅肉裡有B群和鐵，再加上水果的維生素C，造血的三元素都有了，讓身體自己造血。

Q 餵母乳期間水份要控制2500～3000 c.c.，那坐月子餵母乳也一樣嗎？如果已喝了1500 c.c.的月子水，其餘的水份可以喝溫開水嗎？還是應以月子水補充到足量？

A 還有三餐的湯也要算在裡面，每餐大約250～300 c.c.的月子湯，其餘的可補充溫開水。

Q 想請問杜仲巴吉枸杞雞湯，書上只有寫「杜仲一大片」，請問有確切的公克或幾兩嗎？（之前買藥材的經驗：中藥店老闆會說一片有大有小，還是可以告訴我幾克或幾兩？）另外，在做法的第二點寫到「盛兩份雞湯放入內鍋」，請問兩份的單位是用什麼計算？幾c.c.呢？

A 一大片是手掌心大小的意思。書上的2餐份，一餐約250～300 c.c.；2餐的話，用600 c.c.差不多。

Q 坐月子時不可吃麻油，主要是因為麻油多為高溫製造，那如果是低溫冷壓方法製成的麻油可以吃嗎？

A 可以，但要用低溫烹調，不能冒煙喔！

Q 坐月子感冒（咳嗽、喉嚨痛）了，請問月子餐食譜除了天麻要等好了才能吃之外，還有什麼要暫時避開的嗎？如月子水是否能照喝？

A 有濃痰薑汁停喝；月子水把黃耆去掉，有濃痰的話薑也去掉！

Q 請問大家最後一個月都是如何熱敷胸部的？熱敷15分鐘的話，熱毛巾要換好多次，而且濕濕的，大家有使用暖寶寶或者其他推薦的方法嗎？

A 把毛巾打濕，用電鍋外鍋一杯水蒸熱，對折攤平放入塑膠袋，外面再包一層乾毛巾，可以撐滿久的喔！

Q 我目前約擇食半年，10天前產了一子，都照表抄課在實行月子餐跟喝月子水，有時候1500 c.c.不夠喝，都會喝到2000 c.c.左右，也有補充鈣片一天3顆，肉量比照最後孕期吃。有吃醫生開的子宮收縮藥約吃6天，都全母乳親餵，但是生這一胎只要一久坐約10分鐘以上，都會有像快生產前幾天那樣的骨盆痠痛，還有腰也比較容易痠，我需要多補充什麼東西呢？或者哪一種湯可以增加喝的次數？或是就按接下來的湯照表喝就行了？

A 鈣片一天應該要4顆，而妳現在不應該久坐，記住要平躺，除了上廁所以外都應該要平躺。另外，坐姿有正確嗎？坐姿不正就會腰痠，坐好就好囉！還有優質蛋白的量要跟生產前一樣，蛋白質不夠，肌耐力會比較差。

Q **關於產後束縛帶和塑身衣，兩種都要同時用嗎？老師比較建議用哪一種呢？因為有看到小S說比較建議用純紗巾的綳帶來用作束縛帶。老師會建議用多久呢？也是用滿一整個月比較好嗎？**

A 塑身衣不一定要穿，但束腹帶一定要用，推薦用紗布的綳帶比較透氣，但要別人幫妳綁才綁得緊，一次最多綁8小時，至少要綁一個月。

邱老師小叮嚀

- 生完後妳的緊身牛仔褲要穿得下才對，否則表示坐月子時不乖。
- 坐月子注意事項：
  1. 坐月子自然產一個月，剖腹產45天
  2. 平躺可翻身（側躺背要放靠墊），除了上廁所以外，儘量不要走或坐，只有吃三餐可以墊坐一下
  3. 生完束腹帶也一定要用
  4. 生完一週後再穿塑身衣（如果一定要穿的話）
  5. 肩膀可墊高或頭墊高

Q 一般母乳油脂是黃色，但我母乳的油脂是白色，我是不是缺少了什麼？

A 初乳是黃的，慢慢地擠出來的就是白的，不用懷疑妳的奶，它就是很營養的！吃卵磷脂的母乳會偏黃。

Q 有人說吃卵磷脂會預防乳腺炎，所以很多哺乳媽媽都會吃。書中老師並未提到卵磷脂，我想應該是沒有服用的必要。而那些媽媽們吃了一堆卵磷脂，對寶寶會不會造成負擔？

A 一般卵磷脂就兩個來源，黃豆或蛋黃，作用是幫助脂肪分解。如果沒吃含反式脂肪或上火的食物，有確實熱敷和按摩，就不會發炎了呀！該認真做的事不做，只想走方便之門，這不是我的風格啊！

Q 月子餐裏有青木瓜皇帝豆湯、蠔油秀珍菇皇帝豆炒肉片，家人去市場買菜，菜販說皇帝豆是冬季的食材，請問我可以用什麼代替？

A 建議煮湯的話改用其他根莖類蔬菜，炒的話就改用甜豆（豌豆）或荷蘭豆（扁身的）。網路上有賣冷凍黃帝豆，妳也可以參考看看。

Q 請問一下，坐月子不碰麻油除了上火這個原因以外，還有其他原因嗎？另外，光是靠月子湯就能快速清排惡露嗎？要用什麼調理方式不用麻油，而能快速將惡露排淨呢？（中醫說吃麻油料理雖然會上火，但可以快速排淨）

A 自然產第三週惡露就排得差不多了，要喝生化湯的話第三週可以喝；惡露若沒排乾淨，以後易長子宮肌瘤，或內膜肥厚（可能變子宮內膜癌）。生化湯喝7～10天後就差不多可以了，「剖腹產」可以不用喝。

自然產後1週就可以喝薑汁，薑汁也可以促進子宮血液活絡、加速惡露排除。剖腹產的話，建議是2週後再喝薑汁喔！

Q 可以買砂鍋是插電煮雞湯嗎？還是單買砂鍋用瓦斯爐煮雞湯呢？

A 可以用砂鍋插電煮雞湯，也可以買砂鍋用瓦斯爐煮雞湯。

Q 想請問在醫院住院期間要怎麼吃？我訂醫院的月子餐，發現不符合擇食，幾乎不能吃，我又一直流汗覺得很熱，但又很虛，是不是因為我吃了醫院月子餐的關係？

A 月子餐部分，沒手術應該是可以喝第一帖的雞湯（去參鬚），放心認真擇食，營養夠，奶會充足的。

產後第一餐開始可以用雞湯（第一帖去參鬚）或是休養雞湯＋肉片來食用，坐月子期間就是依照書後面的食譜去做，這樣妳就不會忘記了。坐月子期間可以喝月子水來代替白開水，但記住月子水要喝溫熱的，坐月子期間不碰冰水或冷水，飲食千萬要忌口，否則透過奶水傳給寶寶也不好喔！另外，剛生完如果覺得人很虛，也可以第一週先喝滴雞精，一天1～2包。

哺乳

Q 請問哺乳不能吃參鬚，還有哪些參是不能碰的呢？因為有看到書中有道西洋參香菇雞湯，還有黨參也是可以吃的？

A 紅參絕對不行，因為燥。白參在月子期、哺乳期也不要（都會退奶）。但是白參在第一帖擇食雞湯可以用（未懷孕的話）。

孕期內除了黨參山藥杏鮑菇雞湯這道之外，其他都不要碰比較好，因為參類會過度活絡血流，對於胎兒尚未穩定有危險。月子湯有西洋參、黨參的話，代表媽媽生完可以開始補身子了。生完第一週可用黨參，因為它較溫和，第二週開始，就可以酌量用西洋參了！

邱老師小叮嚀

- 上火食物會影響發奶，要忌口喔！餵奶期間一天總水分，請控制在2500～3000c.c.（看出奶量調整）。

Q 發奶湯裡的兩款魚湯，因為石斑魚和鱸魚都是淡水魚，日本這邊比較難入手。可以用其它魚替代嗎？

A 日本那裡可能就找覺得沒有食安問題養殖的淡水魚或是小型的深海魚吧！

Q 哺乳期的同時又懷孕了，要怎麼吃呢？蛋白質等就按照哺乳期的標準，再外加膠質就可以了嗎？

A 不建議哺乳期又懷孕喔！建議第一胎生完至少2年後再懷下一胎。已經在哺乳期懷孕的媽媽就照哺乳期（跟月子期一樣），膠質也是跟月子期一樣。

Q 請問哺乳中的媽媽可以喝紅豆茯苓蓮子湯嗎？

A 可以。

Q 哺乳期間的肉量是跟懷孕後期一樣嗎？

A 是的。

Q **請問自己煮第一道雞湯，參鬚換成黃耆，結果喝完口渴，是因為喝太多嗎？**

A 1.為什麼參鬚要換成黃耆？請不要隨便自行更換藥材。口乾是上肝火症狀之一，黃耆喝多了會上火，已經上火的會更嚴重。

2.書中的30天月子餐，哺乳期也可以一直吃。裡面用的一樣是孕期湯（沒有加參鬚）。第一帖雞湯做法是沒加參鬚的，也不要加其他中藥（有些中藥材上火，身體上火後，母乳成份也會上火，對小孩並不好）。

Q **《擇食三》有5道新的雞湯，想請問這5道也是早上喝嗎？是要把原本的4帖改成這5道還是？另外哺乳期間可以喝嗎？**

A《擇食三》是提供給擇食至少1年以上，體質已經有改善的人，此時再加入《擇食三》的雞湯，效果會比較明顯，原則上是《擇食一》的四帖雞湯喝三個月，再喝《擇食三》的前四帖雞湯三個月（需按照順序），第五帖含龜鹿二仙膠的雞湯，針對老人食用，產婦可以偶爾喝（一個星期喝1～2次），還有性功能差的男性（例如：房事後會腰痠者）也可以一個月中喝1星期。另外，《擇食三》的雞湯，哺乳期間不能喝喔！

Q **因為工作的關係，如果上班要親餵母乳都會很趕，請問可以改用瓶餵嗎？**

A 每一次的瘦孕課程中，我都強調最好能親餵母乳，非不得已再改瓶餵，如果可以，最好餵到一歲，否則至少餵六個月，因為母乳中的免疫球蛋白是我們給寶寶最好的出生禮物啊！

邱老師小叮嚀

- 擇食退奶法至少需要兩個月，很多人的身體機制是約寶寶一歲時奶量會變少。

其他產後問題

Q 請問產後掉髮問題是因為缺鈣嗎？補鈣可緩解嗎？

A 是跟腎虛有關，原因大多來自媽媽懷孕時優質蛋白不足，以及上肝火有關，所以要認真擇食，忌口、補充優質蛋白和雞湯。

Q 想請問邱老師，我是B肝帶原＋e抗原，雙陽性。所以寶寶出生24小時一定要打免疫球蛋白。我除了上肝火的食物要特別忌口外，平時保養還有該注意的事項嗎？產科醫生說我要好好注意自己的身體健康，尤其是肝臟的一些數值都偏高，是肝病變的高危險族群。

A 絕對不要熬夜，另外花生和玉米也要忌口喔！因為花生和玉米保存不當很容易產生黃麴毒素或霉變，台灣氣候潮溼，花生和玉米很容易變質，所以肝臟不好的人，不建議吃花生和玉米。

Q 現在正做畜牧業（哺乳，預計要餵到一歲），那豬腳花生湯是不能喝了嗎？還是只要不吃花生就好呢？

A 不要加花生去煮，可以改成加去殼核桃3顆。

Q 外甥女有C肝，目前醫生不建議她餵母乳，所以初乳也沒有餵。想請問若沒有餵母乳，月子水還要喝嗎？是否月子水不喝，改喝退奶水？還有月子餐怎麼吃？是直接進行退奶步驟嗎？

A 請先直接喝退奶水，月子早餐雞湯照喝，午餐晚餐可以喝休養雞湯，或是月子湯中的豬腳花生青木瓜，山藥還有魚湯，這些會發奶的去掉。請參考書中的退奶步驟喔！還有雞湯裡先不要放雞腳，等完全退奶至少兩個月再加。剛生完可以先用高麗菜葉冰敷，有覺得漲就要喝退奶水。蛋白質慢慢減量到正常量。

Q 我坐月子的時候右手有碰到冰涼的水，做完月子至今，只要右手碰到冰冷的東西，手腕就會開始痠痛，由於準備食材的過程，一定會碰到冰冷的東西，讓我最近苦不堪言。想請問除了基本的薑汁和雞湯和忌口，有沒有其它建議可以幫助我改善這個狀況？

A 盡量不要碰冰水啊！我在冬天洗菜時會開一點點熱水，讓水不那麼冰。建議妳可以認真熱敷右手，認真擇食調體質，冬天的時候再試試艾灸。

Q 遇到生產血崩者，是否跟剖腹產的月子方式一樣，前一週不吃參，待出血量穩定沒問題之後，再改為一般月子湯的方式？

A 至少一個月內不吃參，改成加紅棗15顆。第一帖，去參鬚加紅棗！

Q 生完小孩後長了很多白髮，該怎麼辦？

A 認真補充優質蛋白質，尤其是羊和豬肉，嚴格忌口寒性和上火食物，4款雞湯認真輪流喝。

Q 生完有性冷感的問題？

A 因為初次生產或坐月子時，情緒不好、太累，或吃到上火食物太上火，都可能導致荷爾蒙沒有回到正常水平，失去性慾。所以生產和坐月子期間，男生要全力呵護、好好照顧。正常情況生完二～

三個月荷爾蒙會回到正常水平，如果一直有性冷感的狀況，要嚴格忌口上火食物，爭取時間休息，或早餐後補充月見草油1000毫克一粒，補充三個月後停吃。

邱老師小叮嚀

- 懷孕認真忌口不上火，生完產道會恢復彈性，加上一陣子未行房，用再久都不會鬆（上肝火→肌肉緊繃→陰道也容易鬆）。
- 要避孕的話，不建議使用子宮內避孕器，因為可能會造成沾黏或經血過多。

小產

Q **小產後第五天，引頸期盼，今早終於收到瘦孕孕期湯了。另外，老師說薑汁要先停2週再喝，還有要注意哪些事情呢？**

A 薑汁會促進血液循環，小產後喝，怕出血增加所以停2週！自然產後1週就可以喝薑汁，如果是小產、剖腹產的話就等2週後再喝。剛生完3～7天喝滴雞精就可以了！如果喝了薑汁惡露量明顯變多，就要暫停，怕有些人收縮不良。

Q 如果小產的話月子水可以喝嗎？

A 可以啊！但不一定需要。充分休息，均衡飲食，忌口上火及寒性食物，半年內不提重物和穿高跟鞋才是重點喔！

Q 小產除了好好坐月子喝雞湯外，需要再特別補什麼嗎？如果我想要再懷孕，要不要隔一陣子比較好呢？還是不影響？

A 至少躺2個禮拜好好休養，半年內不要提重物和穿高跟鞋，忌口寒性及上火食物。祝福妳早日恢復健康喔！至少先讓身體休息六個月再準備懷孕吧！

Q 如果小產了，之後的擇食是維持平常的分量？還是要調整？

A 小產期間蛋白質先維持正常的量，主要以第一帖雞湯去參鬚，另加15粒去籽紅棗為主，連喝2週；懷孕週數超過12週引產或流產，要再加一片掌心大的杜仲。做好半個月的月子之後再恢復原本的擇食方式。

邱老師小叮嚀

• 流產後注意事項：

1. 至少要坐月子平躺2週
2. 休養完至少半年不能提重物
3. 第一帖雞湯去參，加紅棗15顆去籽
4. 六個月之後再嘗試懷孕

體質自我對照表

體質	徵狀	對應方法
寒性	手腳冰冷，經痛，腰痠，分泌物多，婦科容易發炎，鼻子過敏，皮膚容易過敏	忌口寒性食物、生冷、冰品，下午4點後不吃葉菜類和水果，早餐前溫薑汁認真喝，擇食的湯認真喝，優質蛋白認真吃
上火	早上起床有眼屎，眼睛乾、痠、癢、口乾舌燥、嘴破、口臭，大便顏色深，易怒、無名火，淺眠、失眠，皮膚過敏、長痘痘	忌口寒性食物、生冷、冰品，下午4點後不吃葉菜類和水果，早餐前溫薑汁認真喝，擇食的湯認真喝，優質蛋白認真吃，忌口上火食物
陰虛火旺	手腳冰冷，經痛，腰痠，分泌物多、婦科容易發炎，鼻子過敏，皮膚容易過敏，早上起床有眼屎，眼睛乾、痠、癢，口乾舌燥、嘴破、口臭，大便顏色深，易怒、無名火，淺眠、失眠，皮膚過敏、長痘痘	忌口寒性食物、生冷、冰品，下午4點後不吃葉菜類和水果，早餐前溫薑汁認真喝，擇食的湯認真喝，優質蛋白認真吃，忌口上火食物

孕前應調理之相關疾病

症狀	原因	忌食與建議
多囊性卵巢症候群	對蛋過敏，上肝火與熬夜，情緒壓力	忌口蛋／黃豆／魚／上肝火食物 做好情緒調整
泌乳激素過高		忌口黃豆食品和奶製品
宮寒	體質太寒	忌口寒性食物、生食、冰品，早餐前喝溫薑汁，雞湯認真喝
月經不規律	上肝火	忌上肝火食物
子宮內膜異位		
經血少		
經期長	心臟無力	補充Q10
白帶多	體質寒	早餐的溫薑汁和雞湯要認真喝，忌口寒性食物、生食、冰品
經痛（悶脹痛／抽痛絞痛）	體質寒	薑汁和海豹油認真吃／補充鈣片 忌口寒性食物、生食、冰品
害喜	體寒／荷爾蒙分泌不平衡	薑汁可止吐，三大匙薑汁＋500 c.c.熱開水＋二砂糖適量，覺得反胃時一口一口含著慢慢吞下
長針眼	上肝火	忌口上肝火食物
耳鳴		
體質寒	優質蛋白吃不夠，生食蔬果吃過多	忌口寒性食物；薑汁、雞湯、海豹油認真吃

孕前應調理之相關疾病

難入睡，淺眠多夢	缺鈣，黃豆過敏，或吃到影響神經的食物	1. 忌口黃豆製品（含毛豆，味噌，黑豆，黃豆芽），納豆，及鮭魚、巧克力、糯米類、鳳梨等影響神經的食物 2. 補充檸檬酸鈣
鼻子過敏	食物過敏／遺傳／體寒	忌口蔥、柑橘類、四季豆、瓜類、白蘿蔔
異位性皮膚炎	體質寒才會過敏，因為寒，又吃了上火食物，火排不出才會過敏	忌口蔥、柑橘類、四季豆、瓜類、白蘿蔔，另外要忌口蛋奶製品和上火食物、香辛料、海鮮及影響神經的食物
乾癬	慢性體質寒又上肝火引起免疫失調	忌口寒性食物、上肝火食物，及刺激性食物、海鮮
紫外線過敏	上肝火	忌口上肝火食物，補充穀胱甘肽
濕疹	體質寒	忌口寒性食物，早餐前溫薑汁及一天一碗紅豆茯苓蓮子湯
蕁麻疹	體質寒才會過敏，因為寒，又吃了上火或過敏食物，排不出才會過敏	1. 傍晚以後才發作：忌口寒性食物；認真喝薑汁、擇食雞湯 2. 若是食物引起的蕁麻疹，忌口海鮮及香辛料、蛋奶製品，多喝水加強代謝
汗疹	體質寒	忌口寒性食物；認真喝溫薑汁、擇食雞湯
富貴手	體質寒又對蛋過敏	忌口寒性食物及蛋類製品

香港腳	體質虛冷、免疫力差易得	黃豆、蛋易刺激香港腳復發
汗斑	免疫力差，體質虛寒	忌口黃豆、蛋和寒性食物
皮膚過敏	體質寒	忌口玉米、芋頭、五穀雜糧、蛋類製品、茄子、蕃茄、甜椒、青椒、南瓜、海鮮、辛香料。忌口後還是沒好完全，最後再忌口隱形殺手奶製品
口角型疱疹、帶狀疱疹	1. 空氣中的濾過性病毒 2. 上火與晚睡	忌口上火及影響神經食物，不熬夜
脂漏性皮膚炎	上肝火	忌口蛋、上肝火食物
黑斑（肝斑）	黑色素沉澱，因為上肝火引起腎虛	忌口上肝火食物，不熬夜，做好防曬
尿蛋白	肝火引發腎火	忌口上肝火食物，不熬夜
腎虛（水腫，頻尿，手腳冰冷，掉髮，久坐／久站／經期腰痠）	肝不好腎就壞：因為肝除了解毒外，還要製造腎所需的白蛋白，所以易腎虛	1. 忌上肝火食物 2. 肝火旺→腎虛→鈣質留不住，缺鈣就會注意力不集中，晃神，可補充檸檬酸鈣
黑眼圈	1. 如果是夜咳，早上起床有痰，是因為鼻子過敏 2. 黑色素沉澱：腎虛，上肝火	忌口寒性食物及上肝火食物和蔥、柑橘類、四季豆，不熬夜
孕婦胎毒	上火食物吃太多	忌口上肝火食物
害喜／孕斑	源頭是肝火	忌口上肝火食物
內分泌失調	長期上肝火	忌口上肝火食物，不熬夜

	調理重點及三餐吃法	症狀／孕期護理	影響與建議
孕前	1.孕前三個月到半年先調體質，以避免孕期不適害喜及寶寶遺傳到過敏體質 2.要先讓身體變溫暖，早餐前喝溫薑汁，早餐喝擇食雞湯 3.均衡飲食，忌口寒性及上火食物 4.認真忌口生冷及所有上火食物 ＊補充1000毫克檸檬酸鈣，一日飯後3次	過敏	父母為過敏體質，寶寶容易遺傳到過敏體質
		宮寒	宮冷不孕，忌口寒性及上火食物
		婦科疾病	忌口生食、冰品、上火食物、寒性食物、山藥、蛋、黃豆製品、魚、奶製品
前三個月（0～12W）	1.前三個月體重持平不應增加 2.飲食份量跟懷孕前一樣 ＊補充1000毫克檸檬酸鈣，一日飯後3次 ＊有不正常出血或有明顯不正常宮縮時，薑汁暫停。 ＊孕婦維他命及葉酸等請遵照醫師指示	害喜	薑汁可緩解孕吐
		心臟無力而來的肌餓感（會容易覺得餓，是因為心臟無力）	溫開水＋蘇打餅

前三個月（0～12W）	
3.三餐吃法： ❶早餐前：10 c.c. 薑汁＋100 c.c. 溫熱開水＋二砂糖或果寡醣適量 ❷早餐：一碗孕期雞湯＋優質蛋白兩份（註1）＋兩種水果加起來一飯碗＋澱粉（盡量以隔夜米飯再稍微加熱為主）（註2） ❸午餐：優質蛋白兩份＋兩種菜煮好加起來一飯碗＋澱粉（盡量以隔夜米飯再稍微加熱為主） ❹晚餐：優質蛋白一份＋一種菜煮好半碗＋澱粉 註1：蛋白質烹調時間不超過15～20分鐘為優質蛋白 ※蛋白質計算公式：（身高－110）×3.75＝一天所需的肉量，平均成5份，早上2份，中午2份，晚上1份 註2：白米飯煮好放涼後放入冰箱冷藏或冷凍一夜後會轉成抗性澱粉，膳食纖維大量提高，熱量降低，也可維持血糖穩定	
早起／睡前有噁心感時	溫開水＋蘇打餅
腳痠	可以用孕婦專用精油按摩腳來舒緩（由下往上）
忌口生食、冰品，及影響神經的食物	影響神經食物會刺激子宮收縮
上肝火	寶寶會有黃疸

	調理重點及三餐吃法	症狀／孕期護理	影響與建議
四～六個月（13～24W）	1.體重每個月各增1公斤 2.優質蛋白一天要增加50%，所以蛋白質為每天總量的1.5倍，平均分攤到三餐食用 3.補充膠質：膠質一週3次，每次半碗，可食用如豬皮、雞腳、豬蹄筋、牛筋、花膠，有膽固醇過高者以海參為主 4.懷孕中期肚子漸漸變大，有妊娠紋出現的可能，妊娠紋的出現與皮膚膠原蛋白不足有關。此時可以使用妊娠除紋霜，除了肚子、腰側之外，胸部、臀部、大腿也不可忽略，並且要按摩 5.此時蔬菜水果不加量，除非出現排便不順或是便便較硬的情況，可在午餐或下午4點前多吃一份水果	排便不順	可再考慮加一份水果（一樣下午4點前吃完）或補充益生菌、注意補充足夠的水份

四～六個月（13～24W）

＊檸檬酸鈣：13週開始改為一日4次，一次1顆1000毫克，三餐後和睡前各1顆

＊孕婦維他命及葉酸等請遵照醫師指示。

6.三餐吃法：

❶早餐前：10 c.c.薑汁＋100 c.c.溫熱開水＋二砂糖或果寡醣適量

❷早餐：一碗孕期雞湯＋優質蛋白兩份＋兩種水果加起來一飯碗＋澱粉

＊膠質一週3次，一次半碗

❸午餐：優質蛋白兩份＋兩種菜煮好加起來一飯碗＋澱粉

❹晚餐：優質蛋白一份＋一種菜煮好半碗＋澱粉

＊澱粉都盡量以隔夜米飯再稍微加熱為主

預防妊娠紋

注意！因為肚皮12週後開始伸展，所以要擦除紋霜，很重要！

擦的範圍：肚皮、胸部（三個月後胸部會開始變大，就要塗了，避開乳頭）、腰側腰後、大腿內外側、屁股下方

七～九個月（25～36W）		
調理重點及三餐吃法	症狀／孕期護理	影響與建議
1.七～八個月體重每月增加一公斤，32週後每月增加1.5公斤 2.要為泌乳提前做準備，同時也為了胎兒發育所需，優質蛋白要比初期加倍，蔬菜水果量相同，頂多加一份水果；如果可以，最後這幾個月肉類盡量選羊肉 3.膠質增加為一週5次 4.最後這段時間更要嚴格禁止上火食物，因為身體上火會造成肌肉緊繃，臨產時會讓產道失去彈性，也會讓寶寶上火而產生黃疸 ＊鈣質與中期相同一天4次 ＊孕婦維他命及葉酸等請遵照醫師指示。 5.三餐吃法同孕期13～24W	水腫：要檢視 ❶是否吃到寒性食物 ❷蔬果吃過量 ❸優質蛋白吃不夠 ❹上火了 ❺水份攝取不足或過多	喝紅豆茯苓蓮子湯消水腫，並參考本書的按摩方式
	妊娠血糖	需克制澱粉量，且每口一定要咬30下，因為吃越快血糖會急劇升高。澱粉改用抗性澱粉，如冰冰箱隔夜再稍微加熱的白飯 ＊此階段可多聽胎教音樂

九～十個月（37W～產前）	1. 體重月增1.5公斤 2. 優質蛋白一樣加倍，膠質攝取也是1週攝取5次，1次份量也是半碗，有助增加肚皮延展性、減少妊娠紋出現。 3. 澱粉攝取量須控制，特別是年紀較大的孕婦，以避免妊娠血糖過高，導致妊娠糖尿病或妊娠高血壓 4. 產前一個月最重要是為泌乳做好準備，必須認真按摩，一天至少1次，可於洗澡後或睡前用熱毛巾熱敷胸部然後按摩，保持乳腺暢通 5. 補充1000毫克檸檬酸鈣，一日4次，三餐飯後＋睡前 6. 月見草油早餐飯後1000毫克（有明顯宮縮或點狀出血暫停） ＊薑汁暫停	預防產後乳腺炎	為哺乳做準備： 按摩胸部乳腺，一天至少1次，洗完澡睡前做 熱敷：可以把毛巾打濕，用電鍋外鍋一杯水蒸熱，對折攤平放入塑膠袋，外面再包一層乾毛巾用來熱敷，可以撐滿久的喔！

重點整理

孕期	1. 一懷孕，雖然還只是一個胚胎，但他就有意識了，他都聽得到也聽得懂，所以要保持正面思考，不要自己製造不良情緒去影響寶寶 2. 孕期保持心情愉悅很重要，良好情緒需自己培養，要杜絕可能引起自己感傷或憂鬱的任何事物，多接觸讓自己心情愉快的事物，以免內火上升 3. 孕期若有便秘可多吃一份水果，或補充益生菌，注意攝取足夠水份 4. 晚餐沒在7點半前吃完，或是當天蛋白質攝取不足的情況，隔天少吃的蛋白質要補在早餐和中餐
產後	禁吃麻油料理
流產後	1. 第一帖雞湯去參，加紅棗15顆去籽，懷孕週數超過12週以上流產者，要再多加一片杜仲，還有月子湯中跟發奶有關的豬腳、青木瓜、山藥和魚湯不要吃 2. 至少要坐月子平躺2個禮拜好好休養，休養完半年內不要提重物和穿高跟鞋 3. 忌口寒性及上火食物 4. 至少先讓身體休息六個月後再懷孕

重點整理

產後	哺乳
1. 36週到生產前與哺乳期，早餐後補充月見草油1000毫克1顆，有宮縮就停吃 2. 剖腹產建議半身麻醉就好 3. 剖腹產完要熱敷胸部幫助發奶 4. 剖腹剛生完至少前2週不吃參	1. 初乳要多： ❶優質蛋白和膠質：同懷孕前的一倍，蔬果量同懷孕前的份量 ❷水份：一天3碗雞湯，早上同擇食雞湯，中午和晚上喝發奶湯 ❸不用麻油，因為奶水會不見，除非是冷壓的麻油（中低溫炒的，頂多用中火炒），且薑要去皮，但若一樣上火後果自負 2. 半夜餵奶： 先吸出來儘量不要用奶瓶餵，用大滴管，因為奶瓶比乳頭更容易吸，等確定寶寶習慣吸母奶後再用奶瓶，不要太快用奶瓶 3. 退奶： 一～二個月內優質蛋白慢慢減量，讓奶水慢慢變少，保留半個到一個CUP

哺乳

重點整理

＊6週退奶步驟：

第一週去掉晚餐的青木瓜湯
第二週去掉晚餐的魚湯
第三週去掉午餐的花生豬腳湯
第四週去掉中午的雞湯，保留早上的雞湯
第五週開始減少肉量攝取，先減少每餐一片肉的量（約15～20克）
第六週再減少每餐一片的肉，往後以每週減少每餐一片肉量的原則，直到回復到懷孕前每餐正常肉量的攝取

6週後

❶將每次餵奶前的墊敷按摩改成冰敷，準備高麗菜葉清洗後，以流動的水泡15分鐘再冰在冰箱備用，每次要餵奶前冰敷10～15分鐘

❷配退奶水：生麥芽一兩＋1200c.c.的水煮20分鐘後，當水喝喝3天。如果還是有奶水，則調整生麥芽的量增加到2兩，加1500c.c.的水煮20分鐘，每天當水喝，直到奶水全退了為止

4.鈣不足，小朋友容易睡到半夜醒來，所以有餵母奶時，都是一天吃4次檸檬酸鈣

	重點整理
寶寶照護	1.不要寶寶一哭就去抱他，先確認以下5點： ❶是否要喝奶 ❷看尿布是否該換 ❸檢查有無發燒 ❹摸肚子：正常是軟的，硬的表示脹氣。寶寶脹氣塗薄荷油，順時針幫他按摩肚子 ❺檢查皮膚是否長疹子 以上5點都沒有的話，就讓寶寶哭，練肺活量，但可在旁輕聲安慰和撫摸 2.不要直接讓寶寶接觸強光 3.寶寶帶回家後儘量固定一地方安置，比較容易有安全感，不要一直換位置
嬰兒副食品	1.母乳不夠時，有以下三種方式 ❶喝牛奶：但不建議，因為牛奶分子較大，寶寶可能會拉肚子或便秘（正常便便顏色是金黃色的） ❷搭配母奶使用配方奶 ❸喝配方奶有出現拉肚子、便秘或脹氣時，可改用水解奶粉

重點整理

2.一歲前腸道發育不成熟，所以吃副食品易過敏，母奶至少餵3～6個月，8～9個月後再開始吃副食品，但媽媽要非常注意營養均衡和忌口；若母奶不夠，至少6個月後再吃副食品

3.一次吃一種，先從米糊開始，然後再試根莖類蔬菜，花果類蔬菜，一種測試1週，測試寶寶有無皮膚過敏/脹氣/排便不順等狀況，有狀況就趕快停。後期再試著加在一起，一次最多搭配2種，看寶寶對食物的反應，再去建立寶寶的食物記錄

4.至少一歲半前不要調味

5.水果最快一歲後才吃，一次挑一種，照書上建議的水果吃

6.蛋最快的話要一歲半後再吃（如水煮蛋），但量也別太多，慢的話二歲後再吃

7.寶寶二歲前不能吃蜂蜜

8.開始長牙後可以慢慢加入蛋白質，如魚肉（無刺）、豬肉末

9.身高120公分以下嬰幼兒，每日蛋白質量約40克，分成三餐吃

嬰兒副食品

擇食寶寶飲食重點整理

時期	飲食重點
0～6M 母奶階段	1.母奶至少要餵六個月，最好可以餵到一歲 2.若母奶不足不要提早吃副食品，因為寶寶腸子未發育好，不一定能吸收，也容易引起過敏反應
6～7M	1.轉換過渡期——米糊：為了先讓寶寶可以接受米糊的口感，把寶寶一餐喝的奶量分成5等份，慢慢增加米湯的份量，每隔三天換一次比例，約試半個月 例如：1份米湯配4份奶→2份米湯配3份奶→3份米湯配2份奶→4份米湯配1份奶，每隔三天按此順序更換比例 2.之後就可以一頓米糊一頓奶
7～8M離乳進入副食品階段	1.可以餵食米糊＋母奶（母奶可以讓寶寶攝取到蛋白質與脂肪）、米糊＋一種蔬菜泥（根莖類如蓮子，乾燥或新鮮皆可；或是蛋白質量高的菜，也可做成泥），一種菜至少餵一星期 2.觀察寶寶有無過敏反應、安定程度，注意寶寶有無脹氣、皮膚過敏……等不舒服的狀況 3.若連試三天寶寶都不吃，或吃得少時就先暫停。但寶寶現在不喜歡吃，不代表他以後不會愛吃這個食物

擇食寶寶飲食重點整理

時期	飲食重點
9～10M	1.最快九～十個月才能吃肉（寶寶長牙了） 2.休養雞湯不放雞腳、去油不加菜，煮粥（可以煮濃度高一點）： ●一餐粥加菜泥（選寶寶曾吃過安全的菜） ●一餐粥加肉（白肉魚，如鱈魚） ●一餐粥加豬絞肉（到市場買豬絞肉請攤販至少打三次至呈肉泥狀） ＊一次一種蛋白質就好，分開攝取；菜和肉要分開，才能觀察寶寶對肉的反應，如果菜和肉混在一起餵，有狀況時難找原因 ＊九個月以後可以試葉菜類 ＊肉的份量：看寶寶胃口，一天20～40 g都可以。因為每個寶寶消化能力不同，去觀察寶寶排便，如果便便較稀或便秘表示消化能力較差，要再做調整 ＊蔬菜的量，一歲以下剛開始可以用大人的一半份量試試，最多吃到和大人一樣的量 ＊九～十個月這階段菜要和肉分開吃一個月，十個月以後才可以混在一起吃及更換菜色

11M	可以吃水餃（有肉有菜有澱粉），麵食類要切碎切斷。可吃的餐食例如： ●蔬菜粥＋絞肉（魚肉） ●馬鈴薯肉餅＋澱粉 ●豌豆肉餅＋澱粉 ●紅蘿蔔肉餅＋澱粉 ●香菇肉燥拌烏龍麵
一歲	1. 一歲後就可以跟著大人一樣吃擇食餐，試1～2種菜去觀察 2. 寶寶身高120cm以下時，一天一兩蛋白質最多40g 3. 三到四歲後，若身高超過120cm就按照公式吃蛋白質
一歲後	1. 甜味的東西、較甜的水果最快一歲後或一歲半再吃 2. 一歲半以後才可調味，若太快調味寶寶會容易挑嘴，且寶寶一歲半前內臟功能尚未發展成熟 3. 一歲半後加入水果，和大人一樣跟著大人擇食吃法一起吃，但不一定要每天喝擇食雞湯，如果要喝，以清蔬休養雞湯為主，一週2～3次 4. 麵包、貝果等發物，等寶寶一歲後腸道發育好後再吃 5. 如果媽媽孕期、哺乳期有認真忌口蛋類，寶寶一歲半後可以嘗試一週吃1～2次蛋製品，觀察是否有過敏反應如脹氣、拉肚子、羊屎便、皮膚過敏、容易哭鬧等

小天使寶寶按摩法

寶寶有哭鬧或晚上哄睡時，建議幫寶寶做天使按摩，可以很快地讓他放鬆或入睡。

第一輪：花開式

由下往上到肩膀處順著手臂往下，然後按摩耳下後方10次，再往上按摩到頭部，重複3次

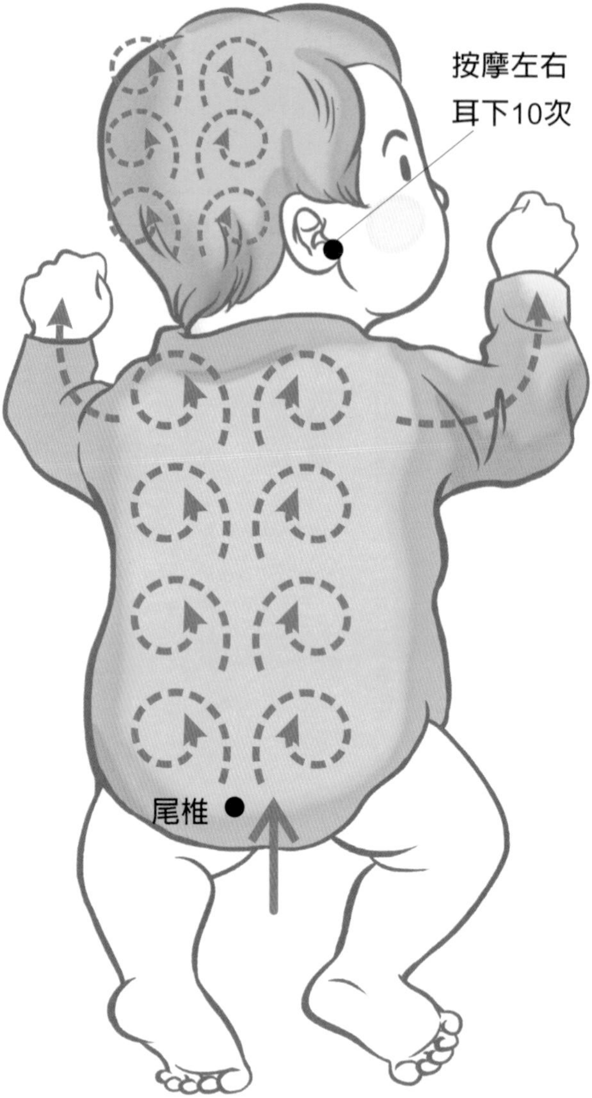

第二輪：花開式

由下往上到肩膀處順著手臂往下，然後往上回到肩膀按摩耳下後方10次，再按摩整個耳部，最後往上按摩到頭部

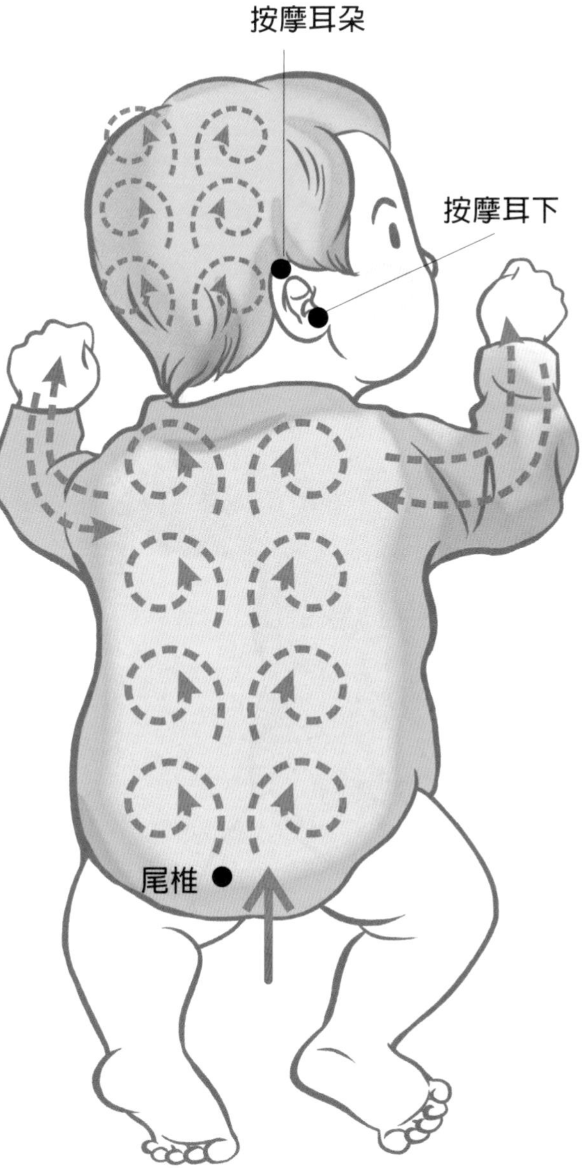

第三輪：8字形

由下往上到肩膀處順著手臂往下，然後往上回到肩膀按摩耳下後方10次，再按摩整個耳部，最後往上按摩到頭部

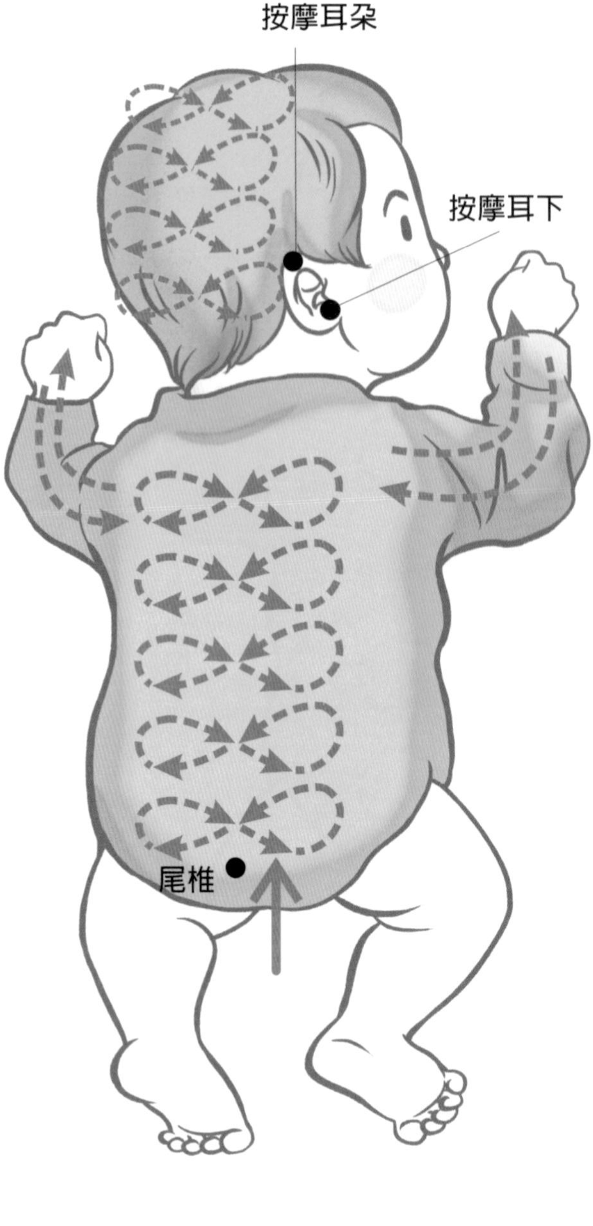

養生村 05

瘦孕聖經

——懷孕過程只重 8 公斤、產後 3 週恢復身材、擺脫水腫、絕不害喜的快樂懷孕擇食法

作　　者／邱錦伶
責任編輯／周湘琦、張沛榛
責任企劃／汪婷婷
封面設計／顧介鈞
美術設計／頂樓工作室
作者照片提供／ WE PEOPLE 東西名人雜誌
作者照片攝影／張嘉興

總 編 輯／周湘琦
董 事 長／趙政岷
出 版 者／時報文化出版企業股份有限公司
108019 台北市和平西路三段二四〇號二樓
發行專線—（〇二）二三〇六—六八四二
讀者服務專線—〇八〇〇—二三一—七〇五
（〇二）二三〇四—七一〇三
讀者服務傳真—（〇二）二三〇四—六八五八
郵撥—一九三四四七二四時報文化出版公司
信箱—一〇八九九臺北華江橋郵局第九九信箱
時報悅讀網／ http://www.readingtimes.com.tw
時報風格線粉絲團／ https://www.facebook.com/bookstyle2014
電子郵件信箱／ books@readingtimes.com.tw
法律顧問／理律法律事務所　陳長文律師、李念祖律師
印　　刷／和楹印刷有限公司
初版一刷／二〇一六年七月一日
初版十九刷／二〇二四年七月五日
定　　價／新臺幣四五〇元
（缺頁或破損的書，請寄回更換）

時報文化出版公司成立於一九七五年，
並於一九九九年股票上櫃公開發行，於二〇〇八年脫離中時集團非屬旺中，
以「尊重智慧與創意的文化事業」為信念。

瘦孕聖經：孕期只重8公斤、產後3週速瘦、不害喜不水腫的好孕飲食法 / 邱錦伶著. -- 初版. -- 臺北市：時報文化, 2016.07
面；　公分. -- (養生村；5)
ISBN 978-957-13-6687-6(平裝)

1.懷孕 2.分娩 3.健康飲食
429.12　　105010205